図解即戦力　豊富な図解と丁寧な解説で、知識0でもわかりやすい！

PMBOK 第7版
（ピンボック）

の知識と手法が **しっかりわかる** 教科書

これ1冊で

株式会社 TRADECREATE
イープロジェクト
前田和哉
Kazuya Maeda

技術評論社

ご注意：ご購入・ご利用の前に必ずお読みください

■ 免責

本書に記載された内容は、情報の提供のみを目的としています。したがって、本書を用いた運用は、必ずお客様自身の責任と判断によって行ってください。これらの情報の運用の結果について、技術評論社および著者は、いかなる責任も負いません。

また、本書に記載された情報は、特に断りのない限り、2024年8月末日現在での情報を元にしています。情報は予告なく変更される場合があります。

以上の注意事項をご承諾いただいた上で、本書をご利用願います。これらの注意事項をお読み頂かずにお問い合わせ頂いても、技術評論社および著者は対処しかねます。あらかじめご承知おきください。

■ 商標、登録商標について

PMI® は Project Management Institute の登録商標です。
PMP® は PMI の登録商標または商標です。
PMBOK® は PMI の登録商標です。
その他、本書中に記載されている会社名、団体名、製品名、サービス名などは、それぞれの会社・団体の商標、登録商標、商品名です。なお、本文中に™マーク、®マークは明記しておりません。

はじめに

　プロジェクトマネジメントというと、業務を進めるための何か特別な管理手法のように聞こえますが、決してそのようなことはありません。あくまでプロジェクトマネジメントとは、業界を問わないワークフローであり、誰もが自身の業務遂行において利用している手法のことです。そのため、本書を読むにあたって、読み手の皆さんは、何か特別な業務を想定する必要はありません。自身が現在携わっている業務を想定いただくのが望ましいと思います。

　また本書の目的は、プロジェクトマネジメントについてより詳しく知りたい方へのきっかけを提供することであり、プロジェクトマネジメントに関する資格であるPMP試験の受験のための足掛かりを提供することです。そのため、各ページに図を入れるなど、極力読みやすい形で解説しています。

　本書の構成は、米国のPMBOK Guideにもとづいていますが、プロジェクトマネジメントをより詳しく知っていただくため、本書1章では、英国のプロジェクトマネジメントの知見であるPRINCE2（PRojects IN Controlled Environments, 2nd version）を一部に取り入れ、プロジェクトマネジメントの全体を説明しています。2章ではPMBOK Guideに記載されているプロジェクトマネジメント標準の価値実現システムを解説し、3章ではプロジェクトマネジメント標準の12の原理原則を説明しています。4章ではPMBOK第7版での8つのパフォーマンス領域を説明し、5章ではテーラリングについて説明をして、6章ではモデル、方法、作成物を説明しています。7章では、PMBOK Guide第6版と第7版との違いを説明しています。

　この書籍が、プロジェクトマネジメントへのご理解の一助となれば幸いです。

2024年8月

株式会社TRADECREATE　イープロジェクト

前田　和哉

目次 Contents

はじめに 003

1章　プロジェクトの基本

01 PMBOK GuideとPMI 012
PMBOK Guideとは／PMIとは

02 プロジェクトの定義 014
有期性と独自性がある業務／有期性と独自性の例

03 プロジェクトにおけるそのほかの要素 016
プロジェクトマネジメントの方法論「PRINCE2」／機能横断、リスク、変化

04 定常業務とプロジェクトの違い 018
定常業務とは／定常業務とプロジェクトの違い

05 プロジェクトマネジメントとは 020
プロジェクトマネジメントとは／プロジェクトマネジメントで重視する3大制約条件

06 プログラム、ポートフォリオとは 022
プログラムとは／ポートフォリオとは

07 PMOとは 024
PMOとは／PMOに求められる能力

2章　プロジェクトマネジメント標準　価値実現システム

08 価値実現システムとは 028
価値とは／価値実現システムとは

09 情報の流れ 030
情報の流れ／プロジェクトガバナンスとは

10 プロジェクトに関連した職務 032
監理と調整、ファシリテーションとサポート／専門知識の適用／目標とフィードバックの提示／作業の実行と洞察への貢献／事業の方向性と洞察の提供／資源と方向性の提供、ガバナンスの維持

| 11 | プロジェクトを取り巻く環境 | 036 |

組織体の環境要因とは／組織体の環境要因の具体例

| 12 | プロジェクトに必要な内部資源 | 038 |

組織のプロセス資産とは／組織のプロセス資産の具体例

| 13 | プロダクトライフサイクルとプロジェクトの関係 | 040 |

プロダクトマネジメントとは／プロダクトライフサイクルとプロジェクト

3章　プロジェクトマネジメント標準　12の原理・原則

| 14 | プロジェクトマネジメントの12の原理・原則 | 044 |

12の原理・原則とは／各原理・原則の概要

| 15 | 原則1：勤勉で、敬意を払い、面倒見のよいスチュワードであること | 046 |

スチュワード、スチュワードシップとは／スチュワードシップに必要な要素

| 16 | 原則2：協働的なプロジェクトチーム環境を構築すること | 048 |

プロジェクトチームとは／協働的なチーム環境を構築するために必要な要素

| 17 | 原則3：ステークホルダーと効果的に関わること | 050 |

ステークホルダーとは／ステークホルダーの種類

| 18 | 原則4：価値に焦点を当てること | 052 |

「価値に焦点を当てる」とは／ビジネスケースとは

| 19 | 原則5：システムの相互作用を認識し、評価し、対応すること | 054 |

システムとは／システム思考とは

| 20 | 原則6：リーダーシップを示すこと | 056 |

リーダーシップとは／リーダーシップスキルを高める方法

| 21 | 原則7：状況にもとづいてテーラリングすること | 058 |

テーラリングとは／テーラリングによって得られる成果

| 22 | 原則8：プロセスと成果物に品質を組み込むこと | 060 |

品質とは／品質のコントロールと品質のマネジメント

| 23 | 原則9：複雑さに対処すること | 062 |

複雑さとは／複雑さをもたらす要因

| 24 | 原則10：リスク対応を最適化すること | 064 |

リスクとは／リスク選好、リスクしきい値とは

| 25 | 原則11：適応力と回復力を持つこと | 066 |

適応力、回復力とは／適応力と回復力を支える能力

| 26 | 原則12：想定した将来の状態を達成するために変革できるようにすること | 068 |

変革とは／チェンジマネジメントとは

4章　PMBOK第7版　8つのパフォーマンス領域

| 27 | パフォーマンス領域の概要 | 072 |

12の原理・原則とパフォーマンス領域の関係／パフォーマンス領域とは

| 28 | パフォーマンス領域1：ステークホルダー | 074 |

ステークホルダーとは／テークホルダーエンゲージメントとは

| 29 | ステークホルダーの理解と分析 | 076 |

ステークホルダーの理解と分析／セリエンスモデルで分析する／「権力と関心度のグリッド」で分析する／「影響の方向性」で分析する

| 30 | ステークホルダーに優先順位を付ける | 080 |

ステークホルダーの優先順位付け／ステークホルダー登録簿の作成

| 31 | ステークホルダーのエンゲージメントを高める方法と監視 | 082 |

エンゲージメントを高めるコミュニケーション方法／ステークホルダー関与度評価マトリックスでエンゲージメントを高める／フィードバックでエンゲージメントを高める／エンゲージメントを監視する方法

| 32 | パフォーマンス領域2：チーム | 086 |

チームパフォーマンス領域とは／役割の定義

| 33 | マネジメントとリーダーシップ | 088 |

集権型と分権型／サーバントリーダーシップとは／マネジメントとリーダーシップの違い／チーム育成の共通の側面

| 34 | パフォーマンスの高いチーム | 092 |

適切なチーム文化／パフォーマンスの高いチームに求められる要素

| 35 | リーダーシップスキル | 094 |

プロジェクトビジョンの確立と維持／クリティカルシンキングとは

目次 Contents

36 動機付け ... 096
外発的動機付け／内発的動機付け／XY理論とは／衛生理論とは／
欲求理論とは／動機付けの全体構造

37 感情的知性 ... 102
感情的知性とは／感情的知性の概要

38 コンフリクトマネジメント ... 104
コンフリクトとは／コンフリクト・モデルとは

39 パフォーマンス領域3：開発アプローチとライフサイクル ... 106
開発アプローチとは／開発アプローチの種類

40 予測型アプローチとハイブリット・アプローチ ... 108
予測型アプローチとは／ハイブリット・アプローチとは

41 反復型アプローチと漸進型アプローチ ... 110
反復型アプローチとは／漸進型アプローチとは

42 アジャイル型アプローチ ... 112
アジャイル型アプローチとは／アジャイル型アプローチの構造

43 デリバリー・ケイデンス ... 114
デリバリー・ケイデンスとは／デリバリー・ケイデンスの種類

44 開発アプローチの選択に考慮すること ... 116
プロジェクトに関わる要因／成果物に関わる要因／
組織に関わる要因／予測型（ウォーターフォール型）とアジャイル型の特徴

45 フェーズゲート ... 120
フェーズゲートとは／マネジメント工程でフェーズゲートを設定する

46 パフォーマンス領域4：計画 ... 122
計画とは／計画に影響を与える要因

47 見積り ... 124
見積りに関連する4つの側面／見積りの種類

48 見積技法 ... 126
確率論的見積りと絶対的見積りで利用しやすい見積技法／相対的見積りで利用しやすい見積技法

49 スケジュール ... 128
予測型アプローチでのスケジュールの作り方／アクティビティの順序を設定する／
アクティビティの順序を可視化する／スケジュールを調整する／
アジャイル型アプローチでのスケジュールの作り方／リリース計画とイテレーション計画

50 予算 ... 134
プロジェクト予算とは／コンティンジェンシー予備とマネジメント予備

51 そのほか、計画に関する要素 ... 136
人に関わる計画／そのほかのマネジメントの側面で必要な計画

52 パフォーマンス領域5：プロジェクト作業 ... 138
プロジェクト作業パフォーマンス領域とは／プロジェクト・プロセスとは

53 プロジェクト作業を進めるための考慮事項 ... 140
作業を進めるために制約条件のバランスを取る／そのほか、作業を進めるために必要なこと

54 調達プロセスと変更の対処 ... 142
調達プロセスとは／入札文書の種類／契約形態の種類／変更の対処

55 プロジェクト期間を通じた学習 ... 146
知識マネジメントとは／形式知と暗黙知

56 パフォーマンス領域6：デリバリー ... 148
デリバリーパフォーマンス領域とは／要求事項の引出し

57 スコープ定義 ... 150
プロジェクトスコープ記述書の作成／WBSの作成

58 ユーザーストーリーとエピック ... 152
ユーザーストーリーとは／エピックとは

59 成果物の完了 ... 154
成果物の完了とは／完了目標の変化

60 品質コストと変更コスト ... 156
品質とは／予防コストと評価コスト／内部不良コストと外部不良コスト／変更コストとは

61 パフォーマンス領域7：測定 ... 160
KPI（重要業績評価指標）とは／SMART基準とは

62 測定の対象：成果物のメトリックス、デリバリー ... 162
成果物のメトリックス、デリバリー／タスクボードでデリバリーの尺度を確認する

63 測定の対象：ベースラインのパフォーマンス ... 164
アーンドバリューマネジメントとは／作業遅延を確認する方法／
予算超過を確認する方法／アーンドバリューマネジメントを実践するためには

64 測定の対象：予測 — 168
残作業見積り、完成時総コスト見積りとは／現時点から完了までの見通し／これから行う作業が予定どおり進まない場合の見通し／残作業効率指数を加えて検討する

65 測定の対象：事業価値 — 172
BCR、ROIとは／NPVとは

66 測定の対象：ステークホルダー — 174
ネットプロモータースコアとは／チームの満足を評価する尺度

67 情報の開示 — 176
バーンダウンチャートとは／バーンアップチャートとは／ダッシュボードとは／「情報の提示」に関するまとめ——情報ラジエーター

68 測定の落とし穴 — 180
相関関係と因果関係／そのほかの測定の落とし穴

69 パフォーマンス領域8：不確かさ — 182
不確かさとは／不確かさへの対応

70 曖昧さと複雑さへの対応 — 184
曖昧さへの対応／複雑さへの対応

71 リスク — 186
リスクと課題／個別リスクの対応——脅威の戦略／個別リスクの対応——好機の戦略／リスクレビューとは

72 リスクの特定と分析 — 190
リスクの特定方法／リスクの分析方法

5章　PMBOK第7版　テーラリング

73 テーラリング — 194
テーラリングとは／テーラリングする対象

74 テーラリングプロセス — 196
テーラリングプロセスの全体像／組織に合わせてテーラリングする／プロジェクトに合わせてテーラリングする／継続的な改善を実施する

75 パフォーマンス領域のテーラリング — 200
パフォーマンス領域のテーラリング

6章　PMBOK第7版　モデル、方法、作成物

76　よく使用されるモデル ……… 204
SLⅡ（リーダーシップ）とは／OSCARモデル（リーダーシップ）とは／ADKARモデル（変革モデル）とは／コッターの8段階モデル（変革モデル）とは／カネヴィンフレームワーク（複雑さのモデル）とは／ステイシーマトリックス（複雑さのモデル）とは／タックマンの成長段階（育成モデル）とは／プロセス群（その他のモデル）とは

77　よく使用される方法 ……… 212
実業務で利用できそうな分析方法／アジャイル型アプローチに関する方法

78　よく使用される作成物 ……… 214
よく使用される作成物

7章　PMBOK第7版での変更点

79　PMBOK Guide第6版と第7版の違い：全体構造 ……… 218
PMBOK Guideの構造／12の原理・原則とテーラリング

80　PMBOK Guide第6版と第7版の違い：ポイント ……… 220
パフォーマンス領域での変更点

索引 ……… 222

1章

プロジェクトの基本

PMBOK Guideは、プロジェクトマネジメントの知識を体系化したものです。プロジェクトマネジメントの話に入る前に、まずはプロジェクトの基本から確認しておきましょう。プロジェクトの種類や構成要素、プロジェクトに関連する事項などについて解説します。

Chapter 1 プロジェクトの基本

01 PMBOK Guide と PMI

PMBOK Guideとは、プロジェクト業務の進め方についてまとめられたガイドブックのことです。アメリカに本部を置く「PMI」(プロジェクトマネジメント協会)が策定・発行しています。

● PMBOK Guideとは

PMBOK Guide(Project Management Body Of Knowledge Guide：プロジェクトマネジメント知識体系ガイド)とは、**PMI(P.13参照)により、よい実務慣行(Practice)として一般的に認められるプロジェクト業務の進め方がまとめられたガイドブック**です。もともとは、アメリカの国防におけるプロジェクト業務の進め方をベースとし、各企業の方法論を参考にして改訂され、1996年に初版が発行されました。現在の最新版は2021年に発行された第7版です。

PMBOK Guide**第7版は、今までのプロジェクトマネジメントにおけるあらゆる開発アプローチの共通点を8つのパフォーマンス領域にまとめた概要書**です。つまり、今までのPMBOK Guideのように、従来の開発法といわれる予測型アプローチを中心にしたガイドブックではない、という点が特徴的です。予測型アプローチとは、1つ1つの工程を手戻りなく丁寧に進めてプロダクトを開発する方法のことです。

そのため、日本国内においては、IT業界はもちろん、重工業系、建設業界、メーカー、シンクタンク、製薬開発、広告業界など、さまざまな業種でPMBOK Guideの考え方が利用されています。

■ さまざまな業種に適用できる PMBOK Guide

● PMIとは

PMI（Project Management Institute：プロジェクトマネジメント協会）とは、**PMBOK Guideなどのプロジェクトマネジメントの標準の策定・発行や、PMPなどの資格認定などを行っている、アメリカに本部を置く組織**です。プロジェクトマネジメントの普及を推進するため、1969年に設立されました。約71万人の会員を擁し、そのうち6千人が日本支部会員です（2024年4月現在）。

PMIが認定を行う**PMP**（Project Management Professional）とは、ある程度のプロジェクトマネジメント経験や知識、スキルのある人に対して、**プロジェクトマネジメントの理解度を評価するための資格**です。PMPの資格保有者は、全世界で約145万人おり、日本人は4万5千人が保有しています（2024年4月現在）。

PMP試験を受験するためには、PMIのWebサイト（https://www.pmi.org/）を通して、受験申請書（Application）を作成します。受験申請書は英語で作成する必要がありますが、試験は日本語で受けることもできます。PMIにより受験申請が受理されると、PMP試験を受けることが可能になります。

■ PMIのWebサイト

まとめ

- **PMBOK Guide**は、よい実務慣行として認められるプロジェクト業務の進め方についてまとめられたガイドブック
- **PMI**とは、プロジェクトマネジメントの普及を目的とした団体
- **PMP**とは、プロジェクトマネジメントの理解度を評価するための資格

Chapter 1 プロジェクトの基本

02 プロジェクトの定義

プロジェクトとは、「有期性」と「独自性」という特性のある業務のことです。この有期性と独自性とは、どのようなものなのでしょうか。ここで、具体的な例とあわせて見ていきましょう。

● 有期性と独自性がある業務

　プロジェクトについて、PMBOK Guideでは「独自のプロダクト、サービス、所産（しょさん）を創造するために実施される有期性のある業務」と定義されています。
　所産とはプロジェクトにおける結果のことであり、有形・無形のどちらでもかまいません。独自のプロダクト、サービス、所産を創造することは、プロジェクト依頼者の要望に合う製品やサービスを提供するということです。なお、プロジェクト依頼者とは、顧客や上司などが該当します。また、**有期性とは納期が決定しており**、プロジェクトの開始と終了が明確な状態です。開始から終了までは、短期間でも長期間でもどちらでもかまいません。
　つまり、**プロジェクトとは、決定している納期に合わせて要望に合う製品やサービスを提供する業務のこと**をいいます。
　さらに、プロジェクトは特定の業種に限定されません。IT分野はもちろん、建設業、シンクタンク、飲食業など、あらゆる業界で発生します。規模の大小も問いません。

■ プロジェクトの定義

○ 有期性と独自性の例

　有期性があり、独自性がある業務であれば、それはプロジェクトであるとP.14で説明しました。

　たとえば、上司から今期中に組織変革に関する改善案を作成してほしいと依頼された場合、そのようなケースもプロジェクトと考えることができます。このケースでは、「今期中」が有期性であり、「改善案」が独自のプロダクト、サービス、所産です。

　また、顧客から開発した商品のプロモーションを行ってほしいという依頼を受けたとします。しかし、その依頼を正式に受注するためには、1カ月後に実施されるコンペにおいて、他社よりも優れたプレゼンを行い、顧客を説得させる必要があります。そのようなケースでも、もちろん、プロジェクトとなります。つまり、「1カ月後に実施されるコンペ」という点が有期性であり、「プレゼンに臨むためのプレゼン資料・モックアップなどの材料」が独自性を示します。

■ プロジェクトの例

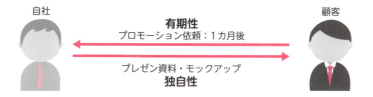

まとめ

- **プロジェクトとは、独自所産を創造するために実施する、有期性のある業務のこと**
- **独自性とは、顧客の要望に合わせること**
- **有期性とは、プロジェクトの納期があること**

Chapter 1　プロジェクトの基本

03 プロジェクトにおけるそのほかの要素

プロジェクトの定義では有期性と独自性がポイントになりますが、これに加えて、機能横断、リスク、変化という3つの要素もあります。それぞれどのようなものなのか、具体的に確認しましょう。

● プロジェクトマネジメントの方法論「PRINCE2」

　P.14～15で解説したように、PMBOK Guideの定義では、プロジェクトとは有期性（納期）と独自性（要望に合う製品やサービス）という特性のある業務のことです。かんたんにいえば、「いつまでに何をするのか」ということが決められている業務のことです。ここではプロジェクトについての補足として、PMBOK Guideとは別の視点から解説します。

　イギリス商務局が開発したプロジェクトマネジメントの方法論に、**PRINCE2**（PRojects IN Controlled Environments 2nd edition：管理される状況でのプロジェクト）という考え方があります。PRINCE2で特徴的なのは、**エグゼクティブ、プロジェクトマネジャー、チームマネジャーの業務範囲が明確**である点です。また、PRINCE2は日本企業の構造にも適用しやすいため、最近は国内でもこの考え方を導入する企業が増えています。PRINCE2に興味がある方は、セミナーや試験を実施しているPeopleCert社のWebサイト（https://peoplecert.jp/）を確認してみるとよいでしょう。

■ PRINCE2の構造

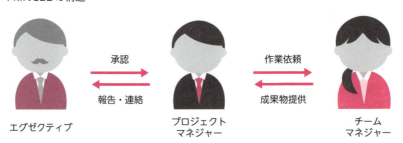

エグゼクティブ　承認／報告・連絡　プロジェクトマネジャー　作業依頼／成果物提供　チームマネジャー

016

機能横断、リスク、変化

PRINCE2では、「いつまでに何を作成するのか」のほかに、プロジェクトの要素として「機能横断、リスク、変化」という3つを挙げています。

機能横断とは、プロジェクトに臨む体制のことです。多くの異なるスキルを持つ人が異なる部署から集められ、顧客の要求に対応しようとします。そのような状況が機能横断です。

リスクとは、プロジェクトに影響を与えうる、発生が不確実な事象のことです。プロジェクトは独自性のある有形・無形の成果物を扱うため、不確実な事象が増える可能性があるのです。

また、**プロジェクトではプロジェクト依頼者の要望に沿ったプロダクトを提供**します。そのプロダクトは、プロジェクト依頼者の組織に何かしらの影響を与えます。この要素が**変化**です。プロジェクトマネジャーはその変化がしっかり組織に根付くよう、マネジメントすることも必要です。

この「変化」は、PMBOK Guide第7版の「12の原則」のうちの1つでもあります。12の原則については、第3章で解説します。

■ プロジェクトにおける3つの要素

機能横断
チームですべてができる

リスク
プロジェクトにはリスクがある

変化
組織に変化を与える

まとめ

- ▶ PRINCE2とは、業務範囲が明確なプロジェクトマネジメント手法
- ▶ PRINCE2では有期性と独自性のほか、機能横断、リスク、変化という要素がある
- ▶ PMBOK Guide第7版でも「変化」は原則に含まれている

Chapter 1 プロジェクトの基本

04 定常業務とプロジェクトの違い

これまでプロジェクトについて確認してきましたが、企業にはこのようなプロジェクトのほかに「定常業務」があります。プロジェクトと定常業務を比較しながら、両者の違いや関連性を見ていきましょう。

● 定常業務とは

　社会にあるすべての業務がプロジェクトというわけではありません。プロジェクトのほかに、定常業務（Operations）と呼ばれるものがあります。定常業務は、PMBOK Guideでは「正式なプロジェクトマネジメントのスコープ外にある業務であり、商品やサービスの継続的な生産に関係している業務」とされています。かんたんにいうと、定常業務とは毎日の**ルーチンワークのこと**です。

　たとえば、受付や事務職などの日常業務、工場などでの日々の製造業務は、大きな変動がなく、**原則的に業務内容が明確**です。また、それらの業務は社内の業務が滞らないようにする役目があります。**日々の売上を担保するために必要であり、企業が継続していくためには不可欠な業務**です。

　以下の図は、プロジェクトと定常業務のつながりを示すものです。プロジェクトが成功したことにより事業としての将来性と収益性を確認した段階や、プロジェクトで開発した成果物のサポートやメンテナンスを必要とする段階で、**定常業務として引き継ぐ**場合があります。

■ 定常業務とプロジェクトのつながり

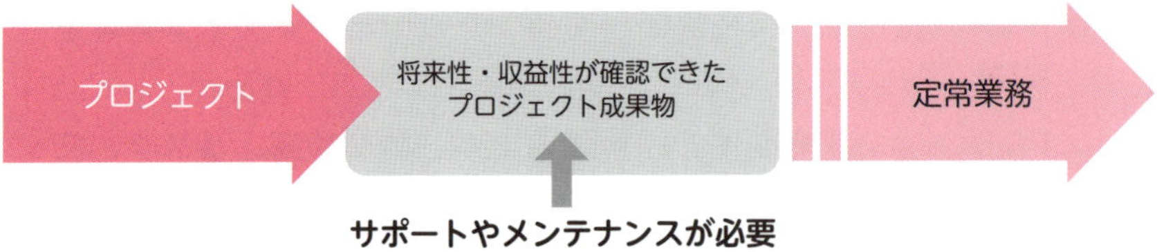

プロジェクト → 将来性・収益性が確認できたプロジェクト成果物 → 定常業務
　　　　　　　　↑
　　　サポートやメンテナンスが必要

018

● 定常業務とプロジェクトの違い

すでに説明のとおり、プロジェクトとは機能横断、リスク、変化という要素を含む、顧客などプロジェクト依頼者の要望に見合う商品やサービスを開発し、納期が決められている業務のことです。

定常業務とプロジェクトは、以下の表のように分類することができます。

■ 定常業務とプロジェクトの分類

特性	定常業務	プロジェクト
有期性	特段の**納期はなく**、原則として安定した日々の業務を行う	**納期が存在**し、納期までに全作業を完了させる必要があり、結果が求められる
独自性	継続的な生産を行うため、製造する製品に**独自性はない** また製造される製品は、母体組織の品質基準をベースに生成される	顧客などの要望に合わせて開発するため、開発する製品には**独自性がある**
機能横断	組織化された、業務に精通した**専門集団が作業を行う**	多くの異なるスキルも持つ人が、各部署から集められる
リスク	日々の業務が安定しているため、**何かしらに影響を与えうる潜在的な事象（リスク）はほぼ存在しない**	**リスクが多いため**、リスクヘッジ（リスクの回避）が求められる
変化	安定した業務を行うため、原則として、**組織に対して大きな影響を与えることはない**	プロジェクトの結果次第では、**組織に対して何かしらの影響を与える**

まとめ

- 定常業務とは、継続的な生産に関係している業務のこと
- 定常業務は、企業継続のためには不可欠な業務である
- プロジェクト（Project）の対義語が定常業務（Operations）である

Chapter 1 プロジェクトの基本

05 プロジェクトマネジメントとは

プロジェクトマネジメントとは、プロジェクトを滞りなく進行させるために必要な作業の進め方のことです。プロジェクトマネジメントを実践するうえでのポイントや、3大制約条件について確認しましょう。

● プロジェクトマネジメントとは

　プロジェクトマネジメントは、PMBOK Guideでは「プロジェクトの要求事項を満たすために、知識、スキル、ツールと技法をプロジェクト活動に適用すること」と定義されています。プロジェクトマネジメントとは、意図した成果を上げるためにプロジェクトの作業を導くことです。

　「知識、スキル」とは、今までの業務経験で得たノウハウや経験のことです。「ツールと技法」とは、計画書、日程表、進捗・予算管理の方法、会議、会議でのファシリテーション技法などの、業務を進めるために誰でも利用する手段です。つまり、プロジェクトを進めるために、**ノウハウや経験、計画書、日程表、進捗・予算管理の方法、会議、会議でのファシリテーション技法などを利用する活動こそが、プロジェクトマネジメント**です。

　なお、納期までに成果物を開発する過程で、「知識、スキル」や「ツールと技法」を利用しない業務は存在しません。このため、業種や職種を問わず、多くの業務でプロジェクトマネジメントを実施しているといえます。

■ プロジェクトマネジメントのイメージ

知識とスキル： ノウハウや経験など
ツールと技法： 計画書、日程表、進捗・予算管理の方法など

プロジェクトマネジメント

納期までに成果物を開発

● プロジェクトマネジメントで重視する3大制約条件

プロジェクトでは、有期性（納期）は重要な要素です。しかし、納期までに成果物を開発するためには、「スコープ（範囲）」と「コスト（予算）」という要素も考慮する必要があります。

納期、スコープ、コストの3つをまとめて、「プロジェクトの3大制約条件」といいます。一般的に、これらはQCD（Q：Quality＝品質、C：Cost＝コスト、D：Delivery＝スケジュール）とも呼ばれます。プロジェクトマネジメントにおいては、3大制約条件のバランスを保ちながら、成果物を効果的に開発することが求められます。

なお、これらの3大制約条件は、プロジェクトで採用する開発アプローチ（開発法）により、重視される要素が異なります。

■ プロジェクトの3大制約条件

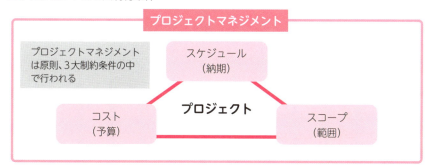

まとめ

- プロジェクトマネジメントは業種や職種を問わず、多くの業務で利用されている
- プロジェクトの3大制約条件は、スケジュール、スコープ、コストの3つである
- 開発アプローチにより、重視する制約条件は異なる

Chapter 1 プロジェクトの基本

06 プログラム、ポートフォリオとは

プロジェクトと密接に関連するものに、「プログラム」と「ポートフォリオ」があります。それぞれプロジェクトとどのような関係にあり、どのような役割を担っているのかを解説します。

● プログラムとは

　プログラムは、PMBOK Guideでは「調和の取れた方法でマネジメントされる、関連するプロジェクト、サブプログラム、プログラム活動。個別にマネジメントしていては得られないベネフィットを実現する」と定義されています。つまり、**プログラムとは、プロジェクトの集合体のこと**です。

　たとえば、次世代の自動車開発を行う場合、その開発は制御基盤開発プロジェクト、エコ型エンジン開発プロジェクト、軽量車体開発プロジェクトなど、さまざまなプロジェクトで構成されます。そのようなケースでは、次世代の自動車開発をプログラムとして位置づけることができます。そして、プログラムの管理者として**プログラムマネジャー**が必要となります。

　もちろん、各プロジェクトには任命されたプロジェクトマネジャーが存在し、日々の業務管理を行います。**プログラムマネジャーに求められるのは、各プロジェクトのバランスを保ち、プログラムを管理することです。**

■ プログラムの例

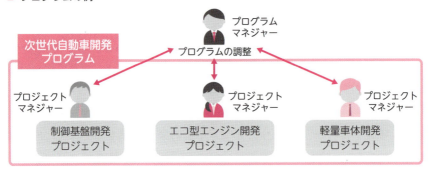

ポートフォリオとは

ポートフォリオは、PMBOK Guideでは「戦略目標を達成するためにグループとしてマネジメントされるプロジェクト、プログラム、サブポートフォリオ、および定常業務」と定義されています。ここでいう戦略目標は、事業目標と考えるのが妥当です。つまり、**ポートフォリオとは事業部の業務**であると考えることができます。事業部の業務の中には、さまざまなプログラム、プロジェクト、従来の事業を継続するために不可欠な定常業務も存在します。

また、ポートフォリオの管理者としては、**ポートフォリオマネジャー**が必要となります。ポートフォリオマネジャーは事業部長と考えてよいでしょう。**ポートフォリオマネジャーに求められるのは、戦略目標を達成するために、事業戦略にもとづいて事業内の全体の業務を管理すること**です。

■ ポートフォリオの例

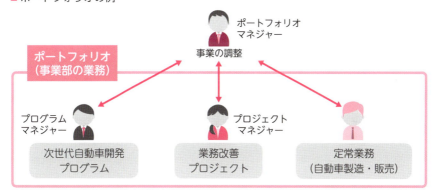

まとめ

- **プログラムとは、プロジェクトの集合体である**
- **ポートフォリオとは、戦略目標を達成するためにマネジメントされた業務のこと**
- **プロジェクト、プログラム、ポートフォリオには管理者が存在する**

Chapter 1　プロジェクトの基本

07　PMO とは

PMOとはProject Management Officeのことであり、プロジェクト自体やプロジェクトマネジャーを支援する、母体組織内の組織体です。PMOに求められる能力を含めて、PMOの詳細について確認しましょう。

● PMOとは

　PMOは、PMBOK Guideでは「プロジェクト関連のガバナンス・プロセスを標準化し、資源、ツール、方法論、技法の共有を促進するマネジメント構造」と定義されています。ガバナンスとは統治・支配を意味し、プロジェクト活動が健全な状態かを確認する管理体制を指します。つまり、PMOとは**プロジェクトが適切に進んでいることを確認する部門**のことです。また、PMBOK Guideでは、PMOがもたらすベネフィットとして、以下のように説明しています。

・テンプレートやよい実務慣行の例、トレーニングやコーチングなどを利用して、プロジェクトマネジメントの指針を提供し、プロジェクトの実施方法の一貫性を支援する
・計画活動、リスクマネジメント、プロジェクトのパフォーマンスを追跡し、プロジェクト支援サービスを提供する
・プロジェクト立ち上げのためのビジネスケースを要求する活動、プロジェクト実施のために財務資源などを割り当てる活動、プロジェクトのスコープや活動の変更要求を承認する活動に携わる

■ PMOの例

PMO

プロジェクトが適切に
進んでいることを確認する

プロジェクトマネジメントの支援

プロジェクトチーム

● PMOに求められる能力

　PMOはプロジェクト・マネジメント・オフィスという意味だけでなく、ポートフォリオ・マネジメント・オフィス、プロダクト・マネジメント・オフィスなど、さまざまな意味を持つことがあります。また、PMBOK Guideでは、PMOには以下のような特定の能力が必要であるとしています。

・さまざまなプロジェクトマネジメントのスキルなどを理解、開発、応用し、評価できるという、**実現能力および成果思考の能力を育成する能力**
・個々のプロジェクトの成果だけに着目するのではなく、組織全体の成功という**大局的な視点を維持する能力**
・各プロジェクトから得られた貴重な知識を移転するために、組織全体でプロジェクトの結果を定期的に共有し、**将来のプロジェクト実施を強化する活動を改善する能力**

　なお、アジャイル型開発（P.107、Sec.42参照）を進める組織では、PMOと同じ立場としてACoE（Agile Center of Excellence）を配置している場合もあります。ACoEは、チームのコーチング、組織全体でのアジャイルスキルの構築などの支援に重きを置く管理部門です。

まとめ

- PMOとは、プロジェクトが適切に進んでいることを確認する部門のこと
- PMOはさまざまな形態がある
- PMOには、育成能力、大局的な視点の維持、将来のプロジェクト実施を強化する活動の改善などの能力が求められる

プロジェクトマネジメントはITに特化しているのか？

　現在でも、「PMBOK GuideはITに特化していますか？」「プロジェクトマネジメントの考え方はITで利用されやすいですよね？」というお問い合わせをよくいただきます。やはり、プロジェクトマネジメントはITの専売特許のように捉えている方が多いのは事実だと思います。

　しかしながら、プロジェクトマネジメントは限られたスケジュールの中で、独自性のある商材やサービスを生成するプロジェクト業務を滞りなく進めるための、作業の進め方のことです。プロジェクトマネジメントはITに特化しているわけでも、ITで利用されやすいわけでもありません。ではなぜ、プロジェクトマネジメントはITの専売特許のようにいわれるのでしょうか。

　PMBOK Guideは1996年に初版、2000年に第2版が出版されています。そのころは、まさに世界的にインターネット関連事業が注目を集めたITバブルの時期であり、日本でもさまざまなITベンチャー企業が設立されています。

　ご存知のように、IT企業が市場に提供する成果物の多くは、ソリューションという無形物です。そのため、可能なかぎり業務を可視化したり、標準化したりすることが求められます。そこで各企業が採用したのが、PMBOK Guideを利用したプロジェクトマネジメントの考え方でした。つまり、IT業界でPMBOK Guideの考え方が利用されたのは、まさにその時代の流れに乗ったものだったのです。

　このようにして、IT業界ではどの業界よりも早くPMBOK Guideの考え方を取り入れました。このため、現在ではプロジェクトマネジメントはITの専売特許のように考えられているのです。

　しかしながら、Sec.01「PMBOK GuideとPMI」でも解説しているように、最近ではメーカー、重工業系、建設業界、シンクタンク、製薬開発など、多くの業界がこのプロジェクトマネジメントに注目しています。また、技術開発系やクリエイティブ系の専門職だけでなく、営業職なども注目しています。

　このように、さまざまな業種や職種でプロジェクトマネジメントが重要視されています。その理由はおそらく、プロジェクトマネジメントがプロジェクト業務を滞りなく進行させるための普遍的な作業の進め方であり、またプロジェクト業務がどの業界・職種にも存在しているためだと思われます。

　また、これは筆者の所感ですが、多くの企業において、プロジェクト業務の進め方というノウハウは属人的なものになっているのではないでしょうか。属人的な知識は個人の知識であり、組織で共有できません。それでは困るので、最近では多くの企業がPMBOK Guideの考え方を取り入れているのだと考えられます。

プロジェクトマネジメント標準 価値実現システム

この章では、PMBOK Guideに記載されているプロジェクトマネジメント標準での価値実現システムについて解説します。プロジェクトとは価値を提供する活動です。価値を提供するための、情報伝達の流れやプロジェクトガバナンスなどのポイントをおさえましょう。

Chapter 2　プロジェクトマネジメント標準　価値実現システム

08 価値実現システムとは

「価値実現システム」とは、組織内でプロダクトをステークホルダーに提供するためのしくみのことです。ここでいうステークホルダーとは、プロジェクトの影響を受ける個人やグループを指します。

◯ 価値とは

　プロジェクトとは、価値を提供する活動のことを指します。それでは、プロジェクトによって生み出される価値とは、どのようなものでしょうか。

　価値について、PMBOK Guideでは**「あるものの値打ち、重要性、また有用性」**と定義されています。また、価値はそれぞれの**ステークホルダーの立場により認識が異なる**とされています。たとえば、顧客であれば、プロジェクトで開発した成果物の機能などの能力を価値として考える場合もあります。一方、組織であれば、プロジェクトによって得られたベネフィットからコストを差し引いた金額など、財務指標で判断できる事業価値、つまり収益として考える場合もあります。なお、ここでいう組織とは、会社、事業部、政府機関などあらゆる構造を指します。

　また、社会的価値としては、人々のグループやコミュニティ、または地球の温暖化対策などの環境や社会への貢献が含まれる場合があります。

■ プロジェクトによって生み出される価値

顧客
成果物の機能

組織（会社）
財務指標で判断できる
事業価値（収益）

社会的価値
社会や環境への貢献

価値実現システムとは

　価値実現システムについて、PMBOK Guideでは**「組織を構築、維持、発展させることを目的とした戦略的な事業活動の集合」**と定義されています。ここでいう組織とは、独自のプロダクト、サービス、所産を創造する組織を指します。また、ここでいう「戦略的な事業活動の集合」とは、第1章で解説したポートフォリオ、プログラム、プロジェクト、定常業務の集合を指します。

　以下の図は、価値実現システムの形を示しています。このシステムには、ポートフォリオや複数のプロジェクトからなるプログラム、独立したプロジェクトが含まれています。それぞれのプログラムやプロジェクトはプロダクトを含み、また定常業務もポートフォリオ、プログラム、プロジェクトを直接的に支援し、影響を与えることができます。つまり、**価値実現システムとはステークホルダーにプロダクトを提供する組織内のしくみ**であり、そのしくみはあらゆる環境の変化に影響を受けることを意味します。

■ 価値実現システムの構成要素の例

まとめ

- 価値とは、あるものの値打ち、重要性、また有用性のこと
- 価値は各ステークホルダーの立場により認識が異なる
- 価値実現システムとは、ステークホルダーにプロダクトを提供する組織内のしくみのこと

Chapter 2　プロジェクトマネジメント標準　価値実現システム

09 情報の流れ

価値実現システムの効果を高めるためには、情報の流れが重要になります。また、価値実現システムはガバナンスと連携することで、適切なプロダクトが提供できるようになります。

● 情報の流れ

価値実現システムの効果を高めるためには、情報の流れが重要です。

仮にみなさんがプロジェクトマネジャーであれば、求められる成果を上司から提示され、その成果に向けてプロジェクトを進行させていくでしょう。また、プロジェクトの状況や進捗を上司へ報告していくことになります。

プロジェクトで成果物が完成したら、プロジェクトマネジャーは定常業務を担当するステークホルダーへ、そのあとのサポートを依頼します。また、そのステークホルダーが成果物を利用したことで、何かしらの調整や修正が必要になった場合、その依頼をプロジェクトチームに伝えます。以下の図は、これらの情報の流れをまとめたものです。

■ 情報の流れ

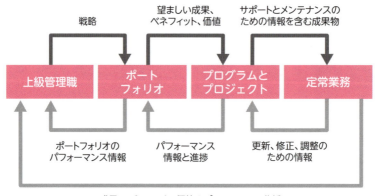

030

プロジェクトガバナンスとは

プロジェクトガバナンスについて、PMBOK Guideでは「組織目標、戦略目標、定常業務の目標を達成する独自のプロダクト、サービス、または所産を創出するために、プロジェクトマネジメント活動を導く枠組み、機能、およびプロセス群」と定義されています。つまり、**プロジェクトガバナンスとは、プロジェクト活動が健全な状態であることを確認する管理体制のこと**です。

プロジェクトガバナンスは価値実現システムと連動することで、変更や課題に適切に対処することができ、よりスムーズに作業を進め、適切なプロダクトを提供することをできるようにします。

プロダクト開発は専門家であるプロジェクトチームに一任されていますが、開発作業が適切でなければ、正しいプロダクトの提供はできません。つまり、**プロダクトを開発するためには価値実現システムは重要ですが、そこにはガバナンスが適用されていることが必要**となります。

■ ガバナンスと価値実現システムの関連イメージ

適切なプロダクトを提供できる

まとめ

- 価値実現システムの効果を高めるためには、情報の流れが重要である
- プロジェクトガバナンスとは、プロジェクト活動が健全な状態であることを確認する管理体制のこと
- 価値実現システムとガバナンスを連動することで、適切なプロダクトが提供できる

Chapter 2 プロジェクトマネジメント標準 価値実現システム

10 プロジェクトに関連した職務

プロジェクトの成功には価値実現システムのような組織のしくみに加えて、それを推進する人の役割も重要です。各人が自分の職務（役目）を果たすことで、プロジェクトは順調に進行します。ここでは、その職務について確認します。

● 監理と調整、ファシリテーションとサポート

「監理と調整」の職務は、**プロジェクト作業の調和を図り、チームがプロジェクト目標を達成できるよう支援すること**です。具体的には、計画・監視コントロール活動の統率、メンバーの健康や安全を向上させるための監視、顧客のニーズを満たすためのアイデアを経営幹部へ相談、プロジェクトの成果物が完成したあとのベネフィットの実現と維持へのフォローアップ活動、などを行います。このように、プロジェクト全体を調整します。

また、「監理と調整」と関連性もある**「ファシリテーションとサポート」**の職務は、**チームがソリューションなどの成果物に関する合意を形成して、意思決定できるように支援すること**です。具体的には、ファシリテーション技法を利用して会議を円滑に進め、合意形成を促したりチームのパフォーマンスを評価したりすることで、チームの学習や改善を手助けします。

● 専門知識の適用

「専門知識の適用」の職務は、**プロジェクトに対してアドバイザーとして自身の知識やビジョンを提供し、チームの学習プロセスや作業の正確さへの貢献をすること**です。この職務は、SME（Subject Matter Expert：当該分野の専門家）などが該当します。SMEは特定の領域に深い知識を持つ人々のことを指し、プロジェクトチーム内にいることもあれば、外部から招へいする場合もあります。みなさんのプロジェクトにも、このような専門家がいるのではないでしょうか。

● 目標とフィードバックの提示

「**目標とフィードバックの提示**」の職務は、**プロジェクトの要求事項・成果に関する、顧客やエンドユーザーの明確な視点・意向を得るのに貢献すること**です。顧客とは、プロジェクトに資金を提供するプロジェクト依頼者のことです。エンドユーザーとは、プロジェクトで開発したプロダクトを直接利用する個人やグループのことです。

アジャイル型開発では、個人との対話や顧客との協力を重視して、短期間で試作品を開発し、確認と調整を繰り返して最終プロダクトを完成させます。このプロセスでは、プロダクトの要素を模索しながら進めるため、継続的なフィードバックが不可欠です。

顧客やエンドユーザーから継続的なフィードバックを得るためには、彼らがチームの開発する成果物に深く関与することが必要です。プロジェクト全体の目標を設定するだけでなく、プロジェクト依頼者の要求が少しずつ明確になるタイミングで、短期間の目標を調整して設定することも重要です。なお、アジャイル型開発の詳細については、第4章で解説します。

■ プロジェクトに関連した職務のイメージ①

●監理と調整・ファシリテーションとサポート

プロジェクトに対する全般の支援

●目標とフィードバックの提示

成果物に対するフィードバック

●専門知識の適用

専門家などからのアドバイス

⬤ 作業の実行と洞察への貢献

「作業の実行と洞察への貢献」の職務は、**プロダクトを生産し、プロジェクトの成果を実現するために必要な知識、スキル、経験を提供すること**です。これは、あらゆる部門から招集されるメンバーの職務であると考えるのが妥当です。あらゆる部門からメンバーが招集されるため、機能横断チームを組成することができます。

PMIが提供しているアジャイル実務ガイドでは、機能横断チームは「プロダクトをデリバリーするために必要なすべてのスキルを備えた実務者で構成されたチーム」と定義されています。つまり、プロジェクトで求められる、あらゆることを実現できるチームのことです。そのようなチームであれば、プロジェクトに多角的な視点を取り入れることができます。

⬤ 事業の方向性と洞察の提供

「事業の方向性と洞察の提供」の職務は、**プロダクトの成果の方向性を示すこと**です。プロジェクト依頼者の要求事項にもとづいて、プロダクトバックログに含まれる項目の優先順位付けなどを行ったり、成果物を開発するメンバーにフィードバックを提供して、プロダクトの方向性の調整を行ったりします。

プロダクトバックログはアジャイル型開発で利用されるツールで、プロジェクト依頼者の要求事項にもとづいて作成された、開発が必要な機能を示すリスト項目の一覧表です。アジャイル開発では、プロダクトバックログの責任者はプロダクトオーナーと呼ばれ、プロジェクト依頼者と立場の近い社内の人物に担わせることが想定できます。彼らはプロジェクトで開発される成果物の価値を最大化するために、顧客やプロジェクトチームとの対話を重視します。

■ プロジェクトに関連した職務のイメージ②

●作業の実行と洞察への貢献

プロジェクトの成果を実現するために必要な知識、スキル、経験を提供

●事業の方向性と洞察の提供

対話を重視し、プロダクトの成果の方向性を示す

資源と方向性の提供、ガバナンスの維持

「資源と方向性の提供」の職務は、**プロジェクトを進めるために組織のビジョン、ゴール、期待をプロジェクトチームに伝達し、資源などを確保しやすくして、プロジェクトチームを支援すること**です。また、この職務は資源の不足や最終納期までにプロダクトを提供できないなどといった、プロジェクトチームが自ら解決したりマネジメントしたりできない問題や課題などを、解決に導くことができます。つまり、組織のビジョン、ゴール、期待を伝達し、資源の確保を支援できる職務ということになるので、上級管理職と考えるのが妥当です。

「ガバナンスの維持」の職務は、**プロジェクトを適切に進めるためにプロジェクトチームからの提言を支援・承認し、プロジェクト実施の過程で組織の方針が変わった場合は、その変更についても伝達し、望ましい成果の達成に向けてプロジェクトを監視すること**です。つまり、プロジェクトを適切な方向に導くために監視し、誘導する職務となります。

■ プロジェクトに関連した職務のイメージ③

●資源と方向性の提供

組織のビジョンや期待を伝達し、資源の確保を支援する

●ガバナンスの維持

プロジェクトを適切な方向に導くため、監視し、誘導する

まとめ

- プロジェクトに関連した職務とは、各人がまっとうする役目のこと
- 人がプロジェクトを進めるため、各人がまっとうする職務は重要である
- PMBOK Guideでは8つの職務を示しているが、プロジェクトにより必要となる職務は異なる

Chapter 2 プロジェクトマネジメント標準 価値実現システム

11 プロジェクトを取り巻く環境

プロジェクトは、プロジェクト自体を取り巻く環境から大きな影響を受けます。PMBOK Guideでは、プロジェクトを取り巻く環境のことを「組織体の環境要因」と呼んでいます。具体的にどのようなものなのでしょうか。

● 組織体の環境要因とは

　プロジェクトに影響を与える内部と外部の環境を、PMBOK Guideでは「組織体の環境要因」(Enterprise Environmental Factors)と呼んでいます。また、組織体の環境要因について、PMBOK Guideでは「プロジェクトチームのコントロールは及ばないが、プロジェクトに対して影響、制約、もしくは方向性を示すような条件」と定義されています。
　プロジェクトを進めるうえで組織体の環境要因は非常に重要であり、これがなければプロジェクトを進めることはできません。たとえば、あるシステム開発プロジェクトを進める場合、もともと母体組織が保有している機材や従業員などの資源を利用することになります。この場合、この資源が組織体の環境要因となります。

■ 組織体の環境要因のイメージ

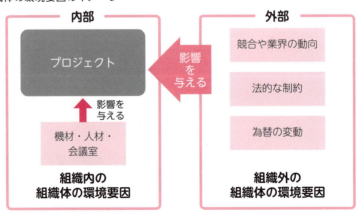

⬤ 組織体の環境要因の具体例

　以下の表は、組織体の環境要因の具体的な例です。自身のプロジェクトでは一体どのような環境要因を利用しているのか、また何に影響を受けているのかを考えながら、確認してみましょう。

■ 組織体の環境要因の具体例

種類	内容
「組織内」の組織体の環境要因	・組織の文化、組織構造 ・組織が保有している施設や資源、ソフトウェア ・利用可能なベンダーなどの外部業者 ・従業員の能力　など
「組織外」の組織体の環境要因	・競合他社や業界の動向 ・政治情勢 ・国の規制　・業界標準 ・為替変動　・天候　など

　上記の表でわかるように、**プロジェクトの計画を立案するときや、プロジェクトの作業を進めるときなど、あらゆる状況で組織体の環境要因の影響を受けます。同時に、組織体の環境要因を利用する**ことにもなります。

　また、競合他社や業界の動向、政治情勢など、組織体の環境要因が大きく変動することで、プロジェクトの実現が危ぶまれる可能性もあります。そのため、**プロジェクトを進める際には、適宜、組織体の環境要因の状況を確認しておく必要があります。**

まとめ

- 組織体の環境要因とは、プロジェクトに影響を与える環境要因のこと
- 組織体の環境要因には、組織内と組織外の両方がある
- プロジェクトを進める際には、必ず組織体の環境要因の影響を受けることになる

Chapter 2 プロジェクトマネジメント標準 価値実現システム

12 プロジェクトに必要な内部資源

プロジェクトを進めるうえでは、過去に実施されたプロジェクトの情報など、「内部資源」が必要になります。そのような内部資源のことを「組織のプロセス資産」といいます。具体的にどのようなものなのでしょうか。

● 組織のプロセス資産とは

　組織のプロセス資産（Organizational Process Assets）について、PMBOK Guideでは「母体組織に特有で、そこで用いられる計画書、プロセス、方針、手続き、および知識ベース」と定義されています。かんたんにいうと、**過去に実施されたプロジェクトの情報など、これから実施するプロジェクトで利用できそうな各プロジェクトやPMOの資源のこと**を指します。

　仮に、社内で前例のないプロジェクトであっても、まったくの新規で計画書などを作成することはなく、おそらく社内にあるテンプレートなどを利用することになるでしょう。もちろん、そのようなテンプレートは、過去のプロジェクトの計画書がもとになっているため、組織のプロセス資産であるといえます。つまり、**今までに実施したことがないプロジェクトであっても、組織のプロセス資産を利用することになる**のです。

■ 組織のプロセス資産のイメージ

● 組織のプロセス資産の具体例

　以下の表は、組織のプロセス資産の具体的な例です。自身のプロジェクトではどのようなプロセス資産を利用しているのかを考えながら、確認してみましょう。

■ 組織のプロセス資産の具体例

種類	内容
プロジェクトの立ち上げと計画で利用できるもの	・ベンダーのリスト　・計画書などのテンプレート ・母体組織の品質に対する方針 ・プロジェクトの進め方（プロジェクトライフサイクル）　など
プロジェクトの実行と監視・コントロールで利用できるもの	・課題が発生した場合の対処法　・資源の管理方法 ・課題管理表などのテンプレート ・標準化された作業の進め方　など
母体組織の知識資産	・労務時間のデータ　・予算などの財務データ ・構成管理手順などのデータ ・過去のプロジェクトで得られた教訓　など

　上記の表からわかるように、組織のプロセス資産はプロジェクトの立ち上げから実行・監視コントロールに至るまで、さまざまな場面で重要になるものです。また、プロジェクト業務をスムーズに進めるためには、**過去のプロジェクトの蓄積をデータとして保存し、このような組織のプロセス資産として利用できるようにする**必要があります。

まとめ

- 組織のプロセス資産とは、過去に実施されたプロジェクトの情報など、これから実施するプロジェクトで利用できそうな内部資源のこと
- はじめてのプロジェクトでも、組織のプロセス資産を利用している
- 過去のプロジェクトの蓄積をデータとして保存することが重要である

Chapter 2 プロジェクトマネジメント標準　価値実現システム

13 プロダクトライフサイクルとプロジェクトの関係

プロジェクトマネジメントとプロダクトマネジメントは密接に関連しており、プロジェクトの成功には両者の連携が欠かせません。具体的なそれぞれの関連性について確認しましょう。

● プロダクトマネジメントとは

プロダクトマネジメントについて、PMBOK Guideでは「**プロダクトやサービスを作成し、維持し、進化させるために、ライフサイクル全体を通じて、人員、データ、プロセス、ビジネスシステムを統合すること**」と定義されています。ここでいうプロダクトとは、プロジェクトで開発・提供する成果物のことです。

また、ライフサイクルとは**プロダクトライフサイクル**を指します。これはプロジェクトで開発・提供した成果物が市場に提供されたあと、その**プロダクトが導入期、成長期、成熟期、衰退期の4つのフェーズを経て進展すること**を表現しています。

たとえば、あなたが顧客の業務を支援するシステムを開発・提供した場合、そのシステムを永遠に同じ状態で利用し続けることはできません。ある時点で新しい機能を追加したり、外部環境の変化によりシステムをすべて破棄して、新しく作り直す必要が生じる可能性もあります。これらの流れがプロダクトライフサイクルです。

■ プロジェクトマネジメントとプロダクトマネジメント

●プロジェクトマネジメント
意図した成果を上げるためにプロジェクトの作業を誘導すること

関連性がある

●プロダクトマネジメント
プロジェクトで開発したプロダクトやサービスを維持し、進化させるために、ライフサイクル全体を通じて、人員、データ、プロセス、ビジネスシステムを統合すること

プロダクトライフサイクルとプロジェクト

PMBOK Guideでは、**「プロダクトマネジメントは特定の構成要素や機能を構築・強化するため、プロダクトライフサイクルのどこかの時点で、プロジェクトを立ち上げることがある」**と記載されています。

以下の図では、プロダクトライフサイクルの各段階でどのようなプロジェクトが行われるかを表しています。成長期では、新たな機能を追加するためのプロジェクトが行われます。成熟期では、既存のプロダクトを改良するためのプロジェクトが行われます。そして、衰退期では、プロダクトやサービスを市場から撤退させるためのプロジェクトが行われます。つまり、**プロジェクトはプロダクトライフサイクルのどのタイミングでも発生します。**

■ プロダクトライフサイクルの各フェーズにおけるプロジェクト

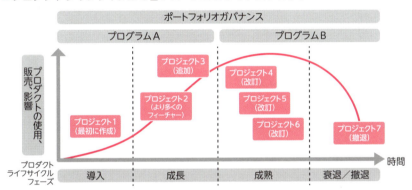

まとめ

- プロジェクトマネジメントとプロダクトマネジメントは関連性がある
- プロダクトライフサイクルとは、市場に提供（導入）した製品が成長と成熟を経て衰退するまでの、一連のフェーズのこと
- プロジェクトはプロダクトライフサイクルのどのタイミングでも発生する

PMP試験の受験に必要な前提条件（実務経験）

　第1章のSec.01において、PMP試験についてかんたんに説明しました。ここでは、もう少し詳細に説明しましょう。
　筆者がよくいただくお問い合わせに、「私のプロジェクト経験はPMP試験の受験資格に合致していますか？」というのがあります。最終的には、PMIに確認していただくのが望ましいですが、そもそもPMIが求めているプロジェクトマネジメント経験は、どのようなものなのでしょうか。それは以下のとおりです。

　「You've accrued leading and directing projects under general supervision and within the constraints of schedule, budget and scope.（一般的な監督の下で、スケジュール、予算、そして作業範囲という制約条件の中で、先導的で指導的なプロジェクトを行っていたこと）」

　プロジェクトの定義は、これまでに解説したとおり、独自の所産を創造するために実施する有期性のある業務のことです。ここでのポイントのうち、1つめは「プロジェクトの規模や内容、また業界などは問われない」ということ、2つめは「納期や予算、作業範囲が決定されていない業務は、ほぼ存在しない」ということです。つまり、クライアントなどから依頼を受ける業務を管理していれば、プロジェクトマネジメント経験があると考えてよいでしょう。なお、そのようなプロジェクトマネジメント経験について、以下の基準を満たしていることが必要です。

・大卒以上の方：
　36カ月（3年間）以上のプロジェクトマネジメント経験
・高卒・専門学校卒の方：
　60カ月（5年間）以上のプロジェクトマネジメント経験

　また、PMIに申請できるプロジェクトマネジメント経験は、直近8年間までのものとされています。その8年間の経験は、連続でなくとも問題はありません。
　PMP試験に興味をお持ちの方は、上記を踏まえ、自身のプロジェクトマネジメント経験を確認して、受験を検討するとよいでしょう。

プロジェクトマネジメント標準
12の原理・原則

この章では、PMBOK Guideに記載されているプロジェクトマネジメント標準での12の原理・原則について解説します。12の原理・原則は、プロジェクトマネジメントの根底に存在する、とても重要な要素です。それぞれの特徴をおさえましょう。

Chapter 3 プロジェクトマネジメント標準　12の原理・原則

14 プロジェクトマネジメントの12の原理・原則

PMBOK Guideに含まれるプロジェクトマネジメント標準には、プロジェクトマネジメントの12の原理・原則が記述されています。12の原理・原則はプロジェクトマネジメントの土台となる考え方であり、実業務の振り返りとして利用できます。

● 12の原理・原則とは

　PMBOK Guideに含まれるプロジェクトマネジメント標準には、プロジェクトマネジメントの12の原理・原則についての記述があります。

　これらの原理・原則は、あらゆる業界で文化的な背景が異なり、かつ異なる役割を持つ**プロジェクト実務者からのフィードバックをまとめた結果であり、プロジェクトマネジメントの土台となる考え方**です。そのため、実業務への振り返りとして、あらゆる業界で十分に活用できます。

　また、この原理・原則には**優先順位は設けられておらず**、状況によっては**複数の原理・原則が同時に適用される**こともあります。たとえば、ステークホルダーとの効果的な関わり方やチームのリーダーシップを発揮するためには、複数の原則が重なって適用されることがあります。

■ プロジェクトマネジメントの12の原理・原則のイメージ

プロジェクトマネジャー

12の原理・原則
プロジェクトマネジメントの土台となる

プロジェクトマネジメント

● 各原理・原則の概要

　次ページの表は、プロジェクトマネジメントの12の原理・原則の概要をまとめたものです。なお、各原理・原則の詳細についてはSec.15から解説します。

■ 12の原理・原則の概要

12の原理・原則	概要
1.スチュワードシップ	誠実さ、コンプライアンス遵守など、プロジェクトマネジャーに求められるもの
2.チーム	プロジェクトは1人ではなく、チームによって実行される
3.ステークホルダー	ステークホルダーを特定・分析し、効果的に関わる
4.価値	何を提供するのか、また、ベネフィットは継続的に評価されている
5.システム思考	変更が発生したらプロジェクト内のあらゆるところに影響が出るなど、プロジェクト内における構成要素の関係性
6.リーダーシップ	個人とチームのニーズに対応するために、ビジョン、動機付け、励まし、共感などにより影響を与える
7.テーラリング	プロジェクトの状況に合わせて、開発アプローチを設計する
8.品質	開発する成果物は、ステークホルダーの受入基準を満たしている必要がある
9.複雑さ	人の影響や、新しいことに臨むことで、プロジェクトの複雑さは増し、その複雑性に対応する必要がある
10.リスク	リスクに対してどのように臨むのか、許容度はどの程度なのか。継続的にリスクに晒されている状態を評価する
11.適応力と回復力	プロジェクトには変化が発生するため、柔軟性が必要である
12.チェンジ	プロジェクトの成果により、母体組織にはあらゆる変化が発生する。影響を受ける人には継続的にアプローチする

まとめ

- 12の原理・原則はプロジェクトマネジメントの土台となる考え方であり、実業務の振り返りとして利用できる
- 12の原理・原則はあらゆるプロジェクト実務者のフィードバックをもとに作成されたものである
- 12の原理・原則には優先順位がなく、重なりがある

15 原則1：勤勉で、敬意を払い、面倒見のよいスチュワードであること

Chapter 3　プロジェクトマネジメント標準　12の原理・原則

スチュワードとは、特定のイベントを企画したり、特定の人々にサービスを提供したりする人のことです。プロジェクトマネジメントでは、どのような関わりがあるのでしょうか。

● スチュワード、スチュワードシップとは

スチュワード（Steward）について、PMBOK Guideでは「内外の指標へのコンプライアンスを維持しながら、誠実さを保ち、他者の面倒を見て、信頼されながら諸活動を実行するために、責任をもって行動する」と定義されています。

また、スチュワードシップとは、「信頼を理解し受け入れることに加え、その信頼を生み出し、維持する行動と意思決定を示す」とされています。つまり、**プロジェクトマネジメントを進めるためには、どのような状況でも誠実に、真摯に、責任を持って対応する必要があること**を示しています。また、その責任の範囲はプロジェクト内だけでなく、プロジェクトの外にも及びます。プロジェクトの外とは、たとえば、天然ガスなどさまざまな天然資源を利用するようなプロジェクトであれば、環境に配慮することも必要になります。市場や地域コミュニティへの配慮も必要かもしれません。

■ スチュワードシップのイメージ

スチュワードシップに必要な要素

スチュワードシップには、誠実さ、面倒見のよさ、信頼されていること、コンプライアンスの4つの要素を含むとされています。以下の表は、これらの要素についてまとめたものです。日々のマネジメントを想定しながら、確認してください。

■ スチュワードシップに必要な4つの要素

4つの要素	概要
誠実さ	すべての業務とコミュニケーションにおいて、正直かつ論理的に行動し、組織内の人々から期待される価値観、原理・原則、振る舞いを示す
面倒見のよさ	自身の定義された責任範囲を超えて、組織のさまざまな事柄を真摯に監理する必要があり、細心の注意を払い、組織のことに個人的なことと同じレベルで取り組む また、面倒を見るためには、透明性のある作業環境やオープンなコミュニケーション、心理的安全性(集団内で誤りを認めやすく、意見を出しやすい状態)が担保できていることが必要
信頼されていること	組織の内外で、自らの役割、自らが関与するプロジェクトチーム、自らが有する権限を正確に示すことで、信頼を得る
コンプライアンス	法律、規則、規制、および組織の内外で適切に承認された要求事項を遵守する

まとめ

- スチュワードシップとは、プロジェクトにおいて誠実に、真摯に、責任を持って対応すること
- スチュワードシップには、誠実さ、面倒見のよさ、信頼されていること、コンプライアンスの4つのポイントを含む
- 面倒を見るためには、透明性のある作業環境、オープンなコミュニケーション、心理的安全性が担保できていることが必要となる

16 原則2：協働的なプロジェクトチーム環境を構築すること

プロジェクトは基本的に1人で進めることはできません。プロジェクトチームを組成して、効率よく業務を進めることが必要です。協働的なプロジェクトチームの環境を構築するには、3つの要素が必要とされています。

● プロジェクトチームとは

プロジェクトチームについて、PMBOK Guideでは「多様なスキルや知識、経験を行使する個人から構成されるもの」と定義されています。**メンバーが個々の能力を発揮する一方で、効率的に作業を進めるためには共通の目標が不可欠**です。さらに、プロジェクトチームは過去の成功体験や組織の文化により、固有のローカルな文化を持つこともあります。

また、プロジェクトの目標達成に向けて、協働的なプロジェクトチーム環境の構築が重要です。これにより、ほかの組織の文化やガイドラインを活用し、個々のメンバーやチーム全体の育成を促進することで、最適な成果を生み出すことが可能になります。

みなさんのプロジェクトチームは、このような協働的なチーム環境を構築できているか、確認してみましょう。

■ プロジェクトチームのイメージ

● 協働的なチーム環境を構築するために必要な要素

協働的なプロジェクトチーム環境の構築には、**チームの合意、組織構造、プロセスの3つの要素が必要**とされています。みなさんのチームの状況を想定して、各要素の内容を確認してみましょう。

■ 協働的なプロジェクトチーム環境に必要な3つの要素

3つの要素	概要
チームの合意	「何をもって合意となるのか」という、行動の範囲や作業規範などのチームのルールのこと。プロジェクトの開始時に明確にし、合意を取りながらプロジェクトを進める。また、チームの合意は状況に応じてアップデートされる
組織構造	プロジェクトの進行に合わせて、組織構造を上手に利用する必要がある。たとえば、プロジェクトチームで成果物を開発したあとで、テストの実施や出荷判定をする組織などを組成する場合もある
プロセス	プロジェクトにおいて、タスクを明確にするためにWBS (Work Breakdown Structure：作業分解構成図)やタスクボードを利用し、チーム内で誰が、何を、いつまでに行うかを共通認識として定義する

上記の表を見てわかるように、協働的なチーム環境を構築するためには、プロジェクトの開始時に合意の方法を定義し、**誰が何をするのかを明確にして、組織を上手に利用すること**が必要となります。

まとめ

- プロジェクトチームは、多様なスキルや知識、経験を行使する個人から構成される
- チームの合意とは、何をもって合意となるのかという行動の範囲や作業規範などのチームのルールのことであり、プロジェクトの開始時に明確にする必要がある
- 協働的なプロジェクトチーム環境の構築には、チームの合意・組織構造・プロセスの3つの要素を含む

Chapter 3 プロジェクトマネジメント標準 12の原理・原則

17 原則3：ステークホルダーと効果的に関わること

プロジェクトの成功と顧客満足に貢献するには、必要に応じて、ステークホルダーにプロジェクトへ関与してもらうことが重要です。ここでは、ステークホルダーとステークホルダーの関与について確認しましょう。

● ステークホルダーとは

　プロジェクトが成功し、顧客が満足するには、ステークホルダーが必要に応じてプロジェクトに関与することが重要です。それでは、ステークホルダーとはそもそもどのような人でしょうか。

　ステークホルダーについて、PMBOK Guideでは「**ポートフォリオ、プログラム、またはプロジェクトの意思決定、活動、または成果に影響したり、影響されたり、あるいは自ら影響されると感じる個人、グループ、または組織**」であり、プロジェクト、そのパフォーマンス、また成果に直接的または間接的に、プラスまたはマイナスの影響を与える」と定義されています。ここでのポイントは、「感じる」という点です。つまり、**ステークホルダーであるか否かは主観**であり、あらゆる人やグループがステークホルダーである可能性があります。そのため、ステークホルダーの特定は、**プロジェクトの期間中、定期的に実施されている**必要があります。

■ ステークホルダーのイメージ

| ステークホルダー | 影響を受けると感じるプロジェクト関係者（個人・グループ・組織） |

「ステークホルダーである」
という認識は主観

ステークホルダーの特定は
プロジェクトの期間中、定期的に実施する

⬤ ステークホルダーの種類

　PMBOK Guideには「ステークホルダーを特定し、分析し、プロジェクトの最初から最後まで積極的に関与してもらうようにすると、成功につながりやすくなる」という記述があります。また、積極的関与のことを「エンゲージメント」と表現する場合もあります。プロジェクトにおいては**各ステークホルダーがどのようにして、いつ、どのくらいの頻度で、どのような状況で関与したいと思っているのかを見極めること**も必要です。

　以下の図は、プロジェクトにおけるステークホルダーの種類をまとめたものです。どのような人やグループがいるのか、確認しましょう。

■ ステークホルダーの種類

- サプライヤー
- 顧客
- エンドユーザー
- 規制機関

- ガバナンス体制
- PMO
- 運営委員会

- プロジェクトマネジャー
- プロジェクトマネジメントチーム
- プロジェクトチーム

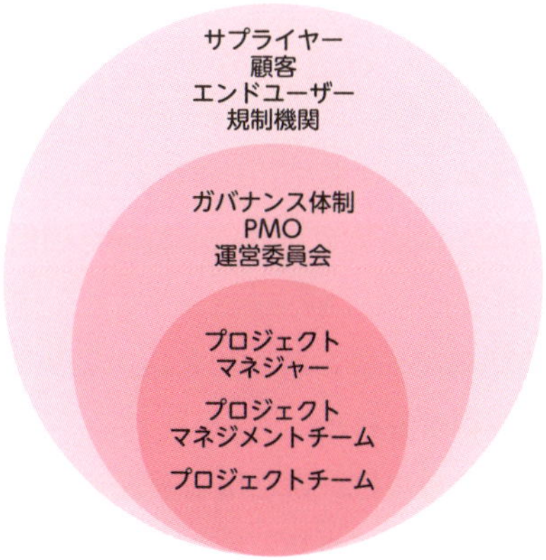

まとめ

- ▶ ステークホルダーは、影響を受けると感じるプロジェクト関係者（個人、グループ、組織）のことを指す
- ▶ ステークホルダーであるという認識は主観である
- ▶ プロジェクトの期間中、ステークホルダーに積極的に関与してもらうと、成功につながりやすい

Chapter 3 プロジェクトマネジメント標準 12の原理・原則

18 原則4：価値に焦点を当てること

プロジェクトではプロダクトやソリューションを開発し、プロジェクト依頼者に提供します。プロジェクト依頼者は、それらを利用することで、価値を確認できます。ここでいう「価値」について確認しましょう。

◯「価値に焦点を当てる」とは

　プロジェクト依頼者は、プロジェクトチームが開発したプロダクトやソリューションを利用することで、その価値を確認できます。価値について、PMBOK Guideでは以下のようにいくつかの表現で説明しています。

- 価値は成果物の成果に焦点を当てる（下図参照）
- 価値はスポンサー組織または価値を受け取る組織への財務的貢献として表される
- 価値はプロジェクトの結果から得られた社会的ベネフィットや、顧客が認識したベネフィットとして評価される
- 価値はあるものの値打ち、重要性、または有用性である
- 価値は主観的なものであり、人や組織によって概念が異なる

　上記を確認すると、価値の意味合いがわかると思います。なお、**価値はプロジェクト期間を通して評価する**必要があります。

■「価値は成果物の成果に焦点を当てる」のイメージ

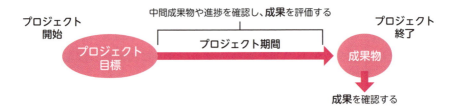

● ビジネスケースとは

　プロジェクトでは、プロジェクト依頼者に成果を提供します。また、そのようなプロジェクトはビジネスケースにもとづいて立ち上げられます。

　プロジェクトでは、ビジネスケースを満たす必要があります。ビジネスケースについて、PMBOK Guideでは「提案されたプロジェクトの価値提案。財務的および非財務的なベネフィットを含むことがある戦略文書」と定義されています。つまり、ビジネスケースとは、プロジェクトで得られるベネフィットを記載し、プロジェクトに対して**投資の必要性を検証するための評価指標となる文書**のことです。ビジネスケースはプロジェクト期間を通して定期的に評価が求められており、プロジェクトを取り巻く外部環境の変化によっても評価する必要があります。以下の表は、ビジネスケースに含まれる要素についてまとめたものです。

■ ビジネスケースに含む要素

要素	概要
ビジネスニーズ	プロジェクトを実施する理由を説明するものであり、戦略的に重要な問題や機会。つまり、プロジェクトで解決する組織の課題やビジネスチャンスなどが該当する
プロジェクトの正当性	プロジェクトに投資する価値があるのかという、プロジェクトの妥当性のこと
事業戦略	会社や事業部の戦略のこと。プロジェクトで実現できる価値は、会社や事業部の戦略と一致している必要がある

まとめ

- プロジェクトの価値はプロジェクト期間を通して定期的に確認する
- 価値を評価することは、ビジネスケースを評価することと同じ
- ビジネスケースとは、プロジェクトで得られるベネフィットを記載し、プロジェクトに投資の必要性があるのかを検証する評価指標となる文書のこと

Chapter 3 プロジェクトマネジメント標準　12の原理・原則

19 原則5：システムの相互作用を認識し、評価し、対応すること

システムとは機械的なしくみのことではなく、プロジェクトに影響を与え、互いに影響し合う要素や構造のことです。システム思考を持ち、システムの相互作用に対応することで、さまざまなプラスの成果が得られます。

● システムとは

　システムについて、PMBOK Guideでは「一体化した全体として機能する、相互に作用し相互に依存する一群の構成要素である」と定義されています。プロジェクトは状況の変化の影響を受けやすい、多面的なものなのです。

　たとえば、プロジェクトの要求事項が変わると、ベンダーに依頼している業務や自身が担当している業務範囲などで、スケジュールやコストを含めて各部分に影響が出る可能性があります。つまり、**プロジェクトは相互に依存し、相互に作用する活動領域のシステム**と考えられます。また、プロジェクトは**内部・外部の要因に影響を受け変化するため、内外の状況には常に注視する**必要があります。プロジェクト期間中は、顧客の要求変化だけでなく、メンバーの作業状況や上司や管理部門からの要求変化にも注意することが重要です。

■ システムのイメージ

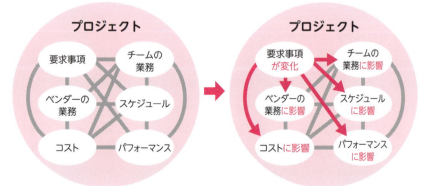

1つの部分の変化が、そのほかの部分に影響を与える

● システム思考とは

　システム思考について、PMBOK Guideでは「プロジェクトの各部分がお互いにどのように影響し合っているのか、また、外部システムとどのように影響し合っているかを全体的に捉える思考」と定義されています。**システム思考を持ち、システムの相互作用に対応**することで、以下のような成果が得られます。

- リスクを早期に検討、特定し、代替案の模索、意図しない結果を考慮できる
- プロジェクトの前提条件や計画を調整できる
- 計画とデリバリーを知らせる継続的な情報を提供できる
- ステークホルダーにプロジェクトの進捗と見通しを知らせることができる
- プロジェクトのゴールと顧客のゴールの整合性を取ることができる
- エンドユーザー、スポンサー、顧客などのステークホルダーの変化するニーズに合わせることができる
- 連携するプロジェクトとの相乗効果を見極めることができる
- パフォーマンスを測定し、パフォーマンスがステークホルダーに与える影響を明確にできる
- 組織のためになる意思決定ができる

　みなさんのプロジェクトでは、すでに上記の成果を達成しているかもしれません。これらの成果が見られる場合、それはシステム思考を活用してプロジェクトを進めている証拠といえます。

まとめ

- プロジェクトは相互に依存し、相互に作用する活動領域のシステム
- プロジェクトにおいては、内外の状況に対して常に注意を払う必要がある
- システム思考を持ち、システムの相互作用に対応することで、プラスの成果を得られる

Chapter 3 プロジェクトマネジメント標準 12の原理・原則

20 原則6：リーダーシップを示すこと

リーダーシップの発揮によりプロジェクトを成功へと推進し、プラスの成果へと貢献できます。リーダーシップはプロジェクトマネジャーのみのスキルと考えがちですが、誰でも発揮できるスキルです。

● リーダーシップとは

　リーダーシップについて、PMBOK Guideでは「望ましい成果を目指す**プロジェクトチームの内外の人々に影響を与える態度、才能、特性、振る舞い**から成る」と定義されています。プロジェクトにおいてはリーダーシップを発揮することで成功を促進でき、プラスの成果に貢献できます。また、リーダーシップはプロジェクトマネジャーのみのスキルと考えがちですが、実際は特定の役割には限定されず、誰でも発揮できるスキルです。**プロジェクトに関わる全員がリーダーシップを発揮することで、プロジェクトを円滑に進められます。**

　また、リーダーシップは「権限」とは明確に分けて認識する必要があります。権限とは権力（Power）を行使する権利であり、個人に与えられます。権限も重要ですが、ステークホルダーに影響を与えながらプロジェクトを進めるには、リーダーシップは不可欠なのです。

■ リーダーシップと権限

◯ リーダーシップスキルを高める方法

リーダーシップは誰でも持てるスキルであるということは、前ページで説明しました。以下は、PMBOK Guideに記載されている、リーダーシップスキルを高める方法の一部です。PMBOK Guideでは、メンバーがこれらのスキルや技法を組み合わせて実践することで、リーダーシップの洞察力を深められると説明しています。

みなさんのプロジェクトでも利用できる部分があると思うので、意識して実践してみてください。

- チームを合意された目標に注力させる
- プロジェクトの成果へ動機付けるビジョンを明確にする
- 最善の進め方について合意形成する
- プロジェクトの進行への阻害要因を克服する
- プロジェクトで発生した対立（コンフリクト）を解決する
- 仲間であるメンバーにコーチングなどを行う
- 前向きな振る舞いや貢献を評価する
- スキルを高める機会を提供する
- 協働的な意思決定を促進する
- 効果的なコミュニケーションと積極的傾聴法を適用する
- チームメンバーに責任と権限を与える

まとめ

- リーダーシップは、望ましい成果を目指すプロジェクトチームの内外の人々に影響を与える態度、才能、特性、振る舞いから成る
- リーダーシップは、誰でも持つことができるスキルである
- プロジェクトに関わる誰もがリーダーシップを発揮することで、プロジェクトを円滑に進めることができる

21 原則7：状況にもとづいてテーラリングすること

PMBOK Guideには「1つとして同じプロジェクトはない」との記述があります。つまり、プロジェクトの状況に合わせて、マネジメント方法を変える必要があります。このように、状況にもとづいて対応することを「テーラリング」といいます。

● テーラリングとは

テーラリング（Tailoring）とは、洋服の仕立て直しと同じような意味合いです。テーラリングについて、PMBOK Guideでは「特定の環境と目前のタスクにさらに適合するように、**アプローチ、ガバナンス、プロセスを意図的に適応させること**である」と定義されています。

プロジェクトの進め方については、知識や経験を含む過去情報を利用して、PMOなどの**プロジェクト支援部門と相談しながら検討することが妥当**です。また、テーラリングを適用することで、行動や資源の無駄が減るといわれています。みなさんが実施しているプロジェクトは、PMBOK Guideの解説とまったく同じ進め方ではないでしょう。それもテーラリングの一種です。

■ テーラリングのイメージ

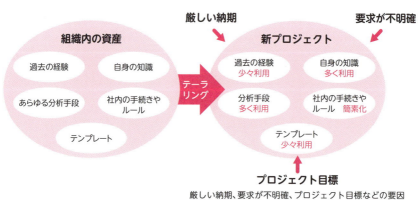

◉ テーラリングによって得られる成果

　PMBOK Guideには、「テーラリングされていないプロセスは、コストの増加やスケジュール遅延を招く一方で、プロジェクトやその成果にはほとんど価値をもたらさない」と記述されています。つまり、過去に同じことをしたという理由だけで、新しい業務にもそのまま過去の方法を適用するのは妥当ではありません。

　プロジェクトにおいて、**テーラリングは必ず実施するべき当然の作業**です。以下は、テーラリングによって得られる効果をまとめたものです。テーラリングの詳細については第5章で解説します。

- イノベーション、効率性、生産性の向上
- 特定の実施アプローチによる改善点を共有し、次回の作業や将来のプロジェクトへ適用できる教訓を得る
- 新しい実務慣行、方法論、および作成物による組織の方法論のさらなる改善
- 新しいことを試みるという実験を通して、成果、プロセス、または方法論の改善点を発見
- 複数の専門分野にわたるプロジェクトチーム内での、プロジェクトで結果を出すために使用される方法や実務慣行の効果的な統合
- 組織の長期における適応力の向上

まとめ

- ▶ テーラリングとは、特定の環境と目前のタスクにさらに適合するように、アプローチ、ガバナンス、プロセスを意図的に適応させること
- ▶ テーラリングにおいては、PMOなどと相談しながら検討することが妥当である
- ▶ テーラリングされていないプロセスは、コストの増加やスケジュール遅延を招き、プロジェクトに価値をもたらさない

Chapter 3 プロジェクトマネジメント標準 12の原理・原則

22 原則8：プロセスと成果物に品質を組み込むこと

プロセスと成果物に品質を組み込むことは、ステークホルダーの要求を満たす成果物を作り、プロジェクトの目的を達成することにつながります。ここでは、成果物品質とプロジェクト品質について確認します。

● 品質とは

　品質について、PMBOK Guideでは「**プロダクト、サービス、また所産の一群の特性が要求事項を満たしている度合い**である」と定義されています。また、品質はステークホルダーの期待を満たすこと、およびプロジェクトやプロダクトの要求事項を満たすことが含まれるとされています。

　プロジェクトにおいて、開発された成果物が顧客の要望に見合っていることはもちろんですが、品質については、ステークホルダーの期待を満たすことも必要と考えられています。ステークホルダーの期待を満たすためには、プロジェクトのパフォーマンスがポイントです。つまり、プロジェクトの活動とプロセスが適切であることが求められます。

■ 成果物品質とプロジェクト品質のイメージ

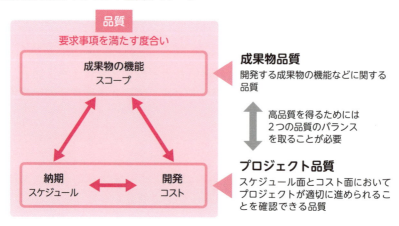

● 品質のコントロールと品質のマネジメント

プロジェクトにおいて、開発する成果物に対する品質を**成果物品質**といいます。また、プロジェクトの活動とプロセスが適切であることで確認できる品質を**プロジェクト品質**といいます。この両方を満たすことで、高品質を提供することが可能になります。また、成果物品質を担保するためには品質のコントロールを実施し、プロジェクト品質を担保するためには品質のマネジメントを実施します。以下の表は、両者の違いをまとめたものです。

なお、PMOなどの管理部門がプロジェクトチームを招集し、作業状況を確認する会議やレビューを実施するケースがあります。そのような会議やレビューは、主にプロジェクト品質を担保するために実施します。

■ 各要素に対する品質のコントロールと品質のマネジメント

要素	品質のコントロール	品質のマネジメント
働き	品質基準を比較し、開発した成果物が要求事項を満たしていることを評価する	作業プロセスの妥当性を評価する
実施する部門	プロジェクトチーム	組織内の第三者 (PMO、品質保証部)
利用される手段	テスト、検査	監査、レビュー

まとめ

- 品質とは、プロダクト、サービス、また所産の一群の特性が要求事項を満たしている度合いのこと
- 成果物品質とは、プロジェクトで開発する成果物に対する品質のこと
- プロジェクト品質とは、プロジェクトの活動とプロセスが適切であることで確認できる品質のこと

23 原則9：複雑さに対処すること

プロジェクトにおいては複雑さに対処し、コントロールすることが必要です。たとえば、顧客の要求が曖昧であることも複雑さの一種です。ここでは、複雑さはどのような要因で発生するのかを確認します。

● 複雑さとは

複雑さについて、PMBOK Guide では「**人の振る舞い、システムの振る舞い、および曖昧さのために、マネジメントするのが困難な、プロジェクトやプロジェクト環境の特性**」と定義されています。これはメンバーなど人の振る舞いや影響、新しい技術の利用などにより、プロジェクトに複雑さがもたらされることを示しています。

たとえば、プロジェクトに関わるステークホルダーは、それぞれプロジェクトに対する期待や利害が異なります。また、リモートワークで参加しているメンバーや、国や背景、経験が異なるメンバーがプロジェクトに参加している場合は、プロジェクトはより複雑になります。そのため、プロジェクトチームは、プロジェクト期間を通して複雑さの要素を特定することに気を配り、**複雑さの程度や影響を減らすように対処**する必要があります。

■ 複雑さのイメージ

複雑さ

人の振る舞い、システムの振る舞い、および曖昧さのために、マネジメントするのが困難な、プロジェクトやプロジェクト環境の特性

プロジェクトチームは、その複雑さの程度や影響を減らすように対処する必要がある

● 複雑さをもたらす要因

複雑さは、プロジェクトのどのタイミングでも発生する可能性があります。以下の表は、プロジェクトに複雑さをもたらす要因についてまとめたものです。

■ 複雑さをもたらす要因

複雑さの要因	概要
人の振る舞い	人々の行動、物腰、態度、経験の組み合わせ。また、プロジェクトの目標と対立する個人の課題などの各人の主観的な要素、異なるタイムゾーンや話す言語、文化的規範
システムの振る舞い	異なるシステムを統合する場合、プロジェクトの成果や成功に影響を与える脅威を引き起こすなど、プロジェクトの要素間の相互依存
不確かさと曖昧さ	「不確かさ」とは、課題と出来事などの理解と認識が欠如しており、不明または予測不可能な状態のこと。「曖昧さ」とは、期待されていることや状況を把握する方法が不明で、最適な選択が明確でなく、選択肢がたくさんある状態のこと たとえば、初めて取引をする顧客からの要求事項を明確に定められない状況は「不確かさ」と「曖昧さ」がある
技術革新	プロジェクトの中で利用する新しい技術

まとめ

- 複雑さとは、マネジメントするのが困難な、プロジェクトやプロジェクト環境の特性のこと
- 複雑さをもたらす要因には、人の振る舞い、システムの振る舞い、不確かさと曖昧さ、技術革新がある
- プロジェクトチームは、その複雑さの程度や影響を減らすように対処する必要がある

Chapter 3　プロジェクトマネジメント標準　12の原理・原則

24 原則10：リスク対応を最適化すること

プロジェクトにおいて、リスクは必ず存在します。そのため、プロジェクト期間を通して、リスクに適切に対処することが必要です。なお、リスクは全体・個別、好機・脅威の4つに分類できます。

● リスクとは

　リスクとは**プロジェクトに影響を与えうる、発生が不確実な事象**のことです。リスクは主に4つの事象で考えられます。まずは全体リスクなのか、個別リスクなのかという点です。**全体リスク**とは、プロジェクトチームでは対処できない環境要因です。環境が変化した場合、場合によってはプロジェクトを終了させる必要があるなど、プロジェクトに対して絶大な影響を与える可能性があります。一方の**個別リスク**とは、プロジェクトでの遅延や超過の可能性など、プロジェクトチームで対処可能な事象のことです。

　また、リスクは好機（Opportunity）と脅威（Threat）で分類できます。**好機**とは、将来の大きなプラス要素を得るために、何かしらの行動を起こさせる事象のことです。一方の**脅威**とは、純粋にマイナス面しかない事象のことです。なお、**一般にリスクというと、この脅威**を指します。

■ リスクのイメージ

	好機（Opportunity）	脅威（Threat）
全体リスク ※チームで対処できないリスク	環境の変化によりリモートワークを行うことで、効率的に作業を進められる	年一度の組織再編があり、メンバーが他部門に異動する可能性がある
個別リスク ※チームで対処できるリスク	アサインされたメンバーの能力が高く、作業が予定よりも早く終わる可能性がある	顧客の要望が変化した場合、定期的に要求事項の調整が必要になる可能性がある

一般的にリスクというと、この「脅威」を指す

● リスク選好、リスクしきい値とは

リスクを説明する表現として、「リスク選好」(Risk Appetite) と「リスクしきい値」(Risk Thresholds) という言葉があります。

リスク選好は、組織または個人が見返りを期待して、不確かさを積極的に受け入れる度合いのことです。たとえば、これまでどの企業も製品化していない新製品を開発するプロジェクトでは、今までの方法では開発できない可能性があります。その場合は、過去に利用したことがない新しい方法を適用するかもしれません。つまり、ハイリスク・ハイリターンを承知でプロジェクトを進める方針です。

一方の**リスクしきい値**は、ステークホルダーのリスク選好を反映する目標を巡る、受容可能な差異の尺度のことです。つまり、どこまでリスクを許容するか、どこを越えたら対処するかを示すラインです。

■ リスクしきい値のイメージ

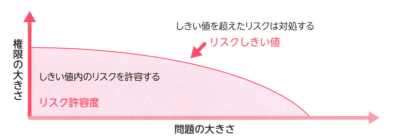

まとめ

- リスクとは、プロジェクトに影響を与えうる発生が不確実な事象のこと
- リスクは全体・個別、好機・脅威で分類できる
- リスク選好とは、ハイリスク・ハイリターンなどリスクに対する方針のこと

Chapter 3 プロジェクトマネジメント標準　12の原理・原則

25 原則11：適応力と回復力を持つこと

「適応力」と「回復力」を持つことで、変化に対応でき、プロジェクトを進めるうえで役に立つとされています。また、適応力と回復力を支える能力には、ステークホルダーと協働できる適切な環境と、常に作業プロセスを改善していることが必要です。

● 適応力、回復力とは

　適応力とは、**変化する状況に対応する能力**のことです。プロジェクトでは、新たな要求事項が発生したり、チームが変更になったりと、さまざまな状況の変化が発生します。そのような変化に適応する能力が必要なのです。

　回復力とは、**影響を緩和する能力**と、**挫折や失敗から迅速に回復する能力**のことです。たとえば、あるプロジェクトで新しいアプローチを適用した場合、そのアプローチが本当に成功するのかは不明です。そのため、アプローチが失敗だった場合はそこから学んだことを教訓として、さらに改善する必要があります。

　多くのプロジェクトは、課題や阻害要因に直面します。それらに対する適応力と回復力を備えることで、プロジェクトでの目標達成が容易になります。

■ 適応力と回復力のイメージ

● 適応力と回復力を支える能力

プロジェクトで適応力と回復力を備えるため、コンティンジェンシー予備（リスクに備えた予備費用）を用意することも1つの方法です。以下は、プロジェクトチームに求められる、適応力と回復力を支える能力についてまとめたものです。

- 迅速かつ短期にフィードバックを与え、行動の改善を繰り返し行うこと
- 各分野に詳しいメンバーが所属する、幅広い知識を持つチームであること
- 内外のステークホルダーへの関与を促す、オープンかつ透明性の高い計画があること
- アイデアをテストし、新たなアプローチを試すための小規模なプロトタイプと実験を進めていること
- 組織におけるオープンな対話があること
- 過去の取り組みや、類似または同様の取り組みによって学んだことにもとづく理解（教訓への理解）

これらはPMBOK Guideに記載されている内容の一部です。オープンな対話や透明性のある計画など、**ステークホルダーと協働できる適切な環境と、常に作業プロセスを見直して改善していること**が必要だとわかります。

まとめ

- 適応力とは、変化する状況に対応する能力のこと
- 回復力とは、影響を緩和する能力と、挫折や失敗から迅速に回復する能力のこと
- 適応力と回復力を支える能力としては、ステークホルダーと協働できる適切な環境と、常に作業プロセスを改善していることが必要である

26 原則12：想定した将来の状態を達成するために変革できるようにすること

プロジェクトの成果は、プロジェクト依頼者に対して何かしらの変化を与えることになります。ここでは、「想定した将来の望ましい状態に変革する」ということについて確認します。

● 変革とは

プロジェクトは、組織に変革をもたらす場合があります。

たとえば、DX（デジタルトランスフォーメーション）を活用して、社内の情報のやりとりを完全にデジタル化する社内プロジェクトを担当するとします。しかし、社内にはこのプロジェクトに反対する人もいるでしょう。

このような場合、反対派の意見を聞きながら説得し、プロジェクトが成功する方向に進むように努力することが重要です。そのような行動が、**「将来の状態を達成するために変革する」**ことに該当します。

■ 変革のイメージ

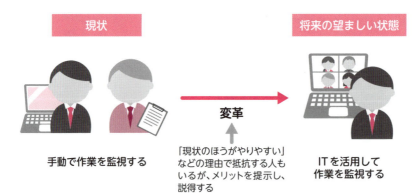

チェンジマネジメントとは

　顧客などのプロジェクト依頼者は、「新しいシステムを利用できる」という理由だけで、新しいシステムの採用を望むわけではありません。大切なのは、使い慣れた古いシステムにこだわるより、新しいシステムがもたらす恩恵のほうが重要であると、顧客に判断してもらうことです。

　その判断を促すため、プロジェクトチームは教育や新規システムの文書化などのツールを利用し、顧客が新しいシステムの恩恵を受けられるように支援して、変革を進めます。この変革は強制的ではなく、**動機付けのアプローチを採り入れて進める**必要があります。このように、**現状から望ましい状態へと移行するための体系的なアプローチ**を**チェンジマネジメント**といいます。

　以下の図は、チェンジマネジメントのアプローチを表したものです。このアプローチは、組織や人の状況に合わせたカスタマイズが可能です。

■ チェンジマネジメントのアプローチ

1. 対象者は誰か
今までと違うアプローチが必要なグループを特定

2. 何が変わるのか
どのような違いが必要なのかを確かめる

3. 何が必要とされているのか
支援するのに必要な資料やサポートを提供する

4. なぜ大切か
行動の変化の重要性を監視し、強化していく

まとめ

- すべてのステークホルダーが変化を受け入れることはないため、変革は挑戦的な課題である
- チェンジマネジメントとは、現状から望ましい状態に移行するための体系的なアプローチのこと
- 変革は強制的に進めるのではなく、動機付けのアプローチを採り入れる必要がある

PMP試験に向けて最低限の必要な知識

よく「PMP試験はPMBOK Guide第7版に準拠していますか?」というお問い合わせをいただきます。一部のWebサイトで不適切な情報を公開しているため、そのような認識を持つ人がいるのだと思われます。PMP試験の実施団体であるPMIは、PMBOKの更新によってPMP試験が大きく影響を受けることはないと表明しています。また、PMP試験の内容は「試験の約半分は予測型アプローチに関するもので、残り半分はアジャイル型アプローチまたはハイブリッド型アプローチに関するもの」としています。以下の表は、PMP試験の出題領域と出題の割合をまとめたものです。

出題領域	テキスト項目の割合
Ⅰ.人	42%
Ⅱ.プロセス	50%
Ⅲ.ビジネス環境	8%
合計	100%

かんたんにいうと、PMBOK第7版は「プロジェクトマネジメントの12の原理・原則を指針とする8つのパフォーマンス領域の活動をテーラリングを利用して進めるというプロジェクトマネジメントの概要」について説明しており、予測型アプローチやアジャイル型アプローチに特化して説明していません。そのため、PMBOK Guide第7版に準拠したPMP試験は存在しないのです。PMP試験の対策としては、上記3つの出題領域について、予測型アプローチ、アジャイル型アプローチ、またその2つの開発アプローチを融合したハイブリット型アプローチにもとづいてプロジェクトマネジメントの理解を深めることが必要です。PMP試験の対策として、PMIが発行する書籍で勉強したい場合は、PMBOK第7版ではなく、以下の2つの書籍で理解を深めるのが適切です。

書籍名	内容
プロセス群:実務ガイド	予測型の対策。予測型アプローチで利用するプロセスについて説明している
アジャイル実務ガイド	アジャイル型とハイブリット型の対策。アジャイル型のほか、適応型アプローチに含まれる開発法についても触れている。アジャイル型アプローチでトラブルが発生した場合の解決法などについても触れている

PMBOK第7版
8つの
パフォーマンス領域

この章では、PMBOK Guide第7版の8つのパフォーマンス領域について解説します。8つのパフォーマンス領域には順番はなく、どれも関連性を持つ要素です。8つのパフォーマンス領域を通して、プロジェクトマネジメントに必要なポイントをおさえましょう。

Chapter 4　PMBOK第7版　8つのパフォーマンス領域

27　パフォーマンス領域の概要

PMBOK Guide第7版では、プロジェクトの成果を効率的に提供するために欠かせない8つの「パフォーマンス領域」について解説しています。このパフォーマンス領域の行動指針は、前章で解説した12の原理・原則にもとづいています。

● 12の原理・原則とパフォーマンス領域の関係

　ここまでは、プロジェクトマネジメント標準での価値実現システム（Sec.08参照）や12の原理・原則（Sec.14参照）について解説しました。ここからは、PMBOK Guide第7版でのパフォーマンス領域について確認します。

　パフォーマンス領域とは、プロジェクトの成果を効果的に提供するために不可欠な、関連する活動のことです。また、その行動指針になるのが、12の原理・原則となります。**12の原理・原則は、プロジェクトに関わる人が成果を生み出すことを目的としてパフォーマンス領域に影響を与えるもの**とされています。かんたんにいうと、パフォーマンス領域のベースとなっているものが、12の原理・原則です。

■12の原理・原則とパフォーマンス領域の関係性

プロジェクトマネジメント

指針を与える

● パフォーマンス領域とは

　PMBOK Guide第6版まではプロセスベースでしたが、PMBOK Guide第7版ではさまざまな開発アプローチに関連するために、原則にもとづく標準に変化しています。そのため、**各パフォーマンス領域は相互に関連、連動、重なり合いはありますが、優先順位や順番はありません**。次ページの表は、各パフォーマンス領域の概要をまとめたものです。

■ 各パフォーマンス領域の概要

パフォーマンス領域	概要
1.ステークホルダー	ステークホルダーは誰か。エンゲージメントを高めるためにどのようにコミュニケーションを取るのが妥当なのか
2.チーム	リーダーシップとは何か。パフォーマンスの高いチームにはどのような要素があるのか。権限を委譲して動機付けをする場合は、内発的動機付けを意識して、感情的知性を利用する
3.開発アプローチとライフサイクル	開発する成果物に応じて、予測型、適応型、ハイブリッド型の開発アプローチを利用する。開発アプローチにより、プロダクトの提供の頻度も変わる
4.計画	開発アプローチにもとづき、見積りをして、プロジェクトスケジュールを立案する。コミュニケーションや物的資源などの計画についても立案する
5.プロジェクト作業	制約条件のバランスを取り、ベンダーと契約を締結し、暗黙知を表出化して、形式知にする
6.デリバリー	成果物を定義してWBSを作成し、成果物品質を考慮して、開発した成果物を提供する
7.測定	アーンドバリューマネジメントやバーンダウンチャートなどの進捗を確認するツールを利用して、作業状況を可視化し、プロジェクトの状況を測定する
8.不確かさ	不確かさ、複雑さ、曖昧さ、リスクとは何か。リスクの対応方法について検討する

> [!NOTE] まとめ
> - パフォーマンス領域とは、プロジェクトの成果を効果的に提供するために不可欠な、関連する活動のこと
> - 12の原理・原則はパフォーマンス領域に指針を与える
> - 各パフォーマンス領域は相互に関連、連動、重なり合いはあるが、優先順位や順番はない

Chapter 4 PMBOK第7版 8つのパフォーマンス領域:ステークホルダー

28 パフォーマンス領域1:ステークホルダー

ここでは、8つのパフォーマンス領域のうち、「ステークホルダー」について確認します。ステークホルダーのエンゲージメント(積極的関与)は、プロジェクトを管理するうえでとても重要です。

● ステークホルダーとは

これまでにもステークホルダーの定義については解説しましたが(Sec.17参照)、ここで改めて確認しましょう。

ステークホルダーについて、PMBOK Guideでは「ポートフォリオ、プログラム、またはプロジェクトの意思決定、活動、または成果に影響したり、影響されたり、あるいは自ら影響されると感じる個人、グループ、または組織であり、プロジェクト、そのパフォーマンス、また成果に直接的または間接的に、プラスまたはマイナスの影響を与える」と定義されています。

プロジェクトを円滑に進めるために、ステークホルダーの協力は欠かせません。そのために継続して各ステークホルダーのエンゲージメントを高め、維持することが必要です。

■ ステークホルダーの種類

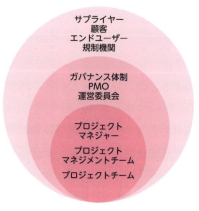

◯ ステークホルダーエンゲージメントとは

各ステークホルダーのエンゲージメントを高め、維持するためには、以下の図のサイクルにもとづき、プロジェクト期間中に該当のステークホルダーに対してアクションを取り続ける必要があります。

以下の図において、最初のアクションは「特定」です。**ステークホルダーの特定は、プロジェクトの最初の段階で行います**。しかし、プロジェクトの最初の段階ではあまり詳細な情報を得ていない場合もあり、プロジェクトに関わるすべてのステークホルダーを特定するのは困難です。とくにプロジェクト期間が長く、関わるステークホルダーが多い場合は、より難易度が上がります。そのため、**ステークホルダーの特定は、各工程で継続的に実施する必要があります**。

■ ステークホルダーのエンゲージメントを高め、維持するサイクル

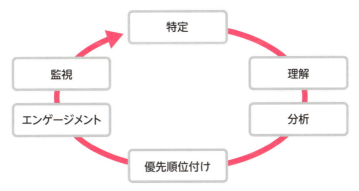

まとめ

- プロジェクトを円滑に進めるために、各ステークホルダーのエンゲージメントを高め、維持する必要がある
- ステークホルダーの特定は、プロジェクトの最初の段階で行う
- ステークホルダーの特定は、各工程で継続的に実施する必要がある

Chapter 4　PMBOK第7版　8つのパフォーマンス領域：ステークホルダー

29 ステークホルダーの理解と分析

ステークホルダーの特定が完了したら、次のアクションは「理解」と「分析」です。ここでは、理解と分析において、具体的にどのような手段を利用するのかを解説します。

● ステークホルダーの理解と分析

　ステークホルダーを特定したあとは、各ステークホルダーの感情、信念、価値観などを理解することが必要です。これらの要素はプロジェクトの成果に影響を与える可能性があり、すぐに変化します。そのため、プロジェクトマネジャーとプロジェクトチームは、常にステークホルダーを理解し続ける必要があります。また、理解することと関連して、各ステークホルダーが持つ要素を分析します。

　以下の図は、ステークホルダーが持つ要素をまとめたものです。プロジェクトチームが各ステークホルダーとやり取りをするうえで、これらの要素を認識し、分析することはとても重要です。みなさんのプロジェクトでは、これらの要素を分析しているでしょうか？

■ ステークホルダーが持つ要素を分析する

ステークホルダーが持つ要素

● セリエンスモデルで分析する

　ステークホルダーを分析して、その結果を可視化するケースがあります。可視化において利用する分析方法として、「セイリエンスモデル」(突出モデル)があります。

　セイリエンスモデルとは、**ステークホルダーを権力、正当性、緊急性の3つの観点で分類**する方法です。

　権力とは、該当ステークホルダーがどの程度の権力を持っているのかという観点です。正当性とは、該当ステークホルダーのプロジェクト参加の意味合いです。緊急性とは、該当するステークホルダーが発言をした場合に即時対応が必要であるのかという観点です。

　以下の図は、ステークホルダーの分類を示しています。とくに注目すべきは、3つの円が交差する部分です。ここに名前が入っているステークホルダーは、プロジェクトにおいてとくに重要な存在となります。

■ セイリエンスモデルの例

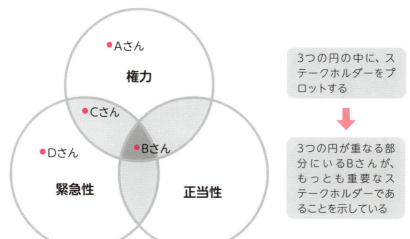

●「権力と関心度のグリッド」で分析する

可視化の分析方法としては、セイリエンスモデルのほかに**「権力と関心度のグリッド」**があります。

セイリエンスモデルとは異なり、「権力と関心度のグリッド」は**権力と関心度の2軸で**ステークホルダーを分類**します。この方法は小規模プロジェクトや、ステークホルダーとプロジェクト間が単純である場合に有用とされます。

以下の図は、権力と関心度のイメージを表したものです。たとえば、権力が高く（大きく）、関心が低いステークホルダーには、プロジェクトに直接関係しない社内の上層部などが該当します。そのようなステークホルダーに対しては、タイミングよく情報を伝え、満足な状態を維持することが必要ということを示しています。

■ 権力と関心度のグリッドのイメージ

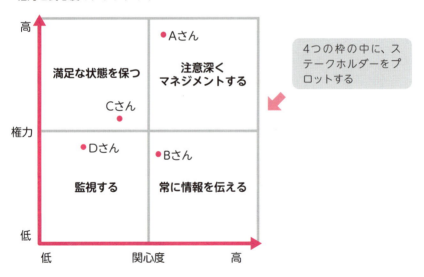

●「影響の方向性」で分析する

ステークホルダーの分析方法として、**プロジェクトに及ぼす影響力に応じてステークホルダーを分類**する**「影響の方向性」**もあります。

この分類により、ステークホルダーごとにプロジェクトに対して求めるものが異なることが明らかになります。その結果、プロジェクトマネジャーはプロジェクトの進行にプラスになるよう、各ステークホルダーの貢献意欲を高めるためにはどうすればよいかを知ることができます。

以下の表は、「影響の方向性」における分類の定義です。プロジェクトに関わるのが妥当であるすべてのステークホルダーを特定する際に、役立つ可能性があります。

■「影響の方向性」の分類の定義

分類	内容
上向き	プロジェクトの親組織、つまり実行組織または顧客組織の上級経営層、スポンサー、運営委員会に関係する
下向き	知識やスキルを提供する有期的なチームやスペシャリスト
外向き	サプライヤー、エンドユーザー、規制当局など、プロジェクトチーム外のステークホルダーグループとその代表者
横向き	希少なプロジェクト資源を巡って競い合っていたり、資源や情報の共有で当該プロジェクトマネジャーと協業していたりする、ほかのプロジェクトマネジャーやその同僚

まとめ

- ▶ ステークホルダーを特定したあと、ステークホルダーの権力、インパクト、態度、利害、影響力、距離を分析する
- ▶ セイリエンスモデルは、各ステークホルダーを権力、正当性、緊急性の3つの観点で分類する
- ▶ 権力と関心度のグリッドは、各ステークホルダーを権力と関心度の2軸で分類する

Chapter 4　PMBOK第7版　8つのパフォーマンス領域：ステークホルダー

30 ステークホルダーに優先順位を付ける

ステークホルダーの理解と分析をしたら、規模が大きいプロジェクトであれば、各ステークホルダーに優先順位を付けることも必要です。この優先順位は、ステークホルダーの分析結果をもとに作成するステークホルダー登録簿にも記載します。

● ステークホルダーの優先順位付け

　規模の大きいプロジェクトや数社合同で実施するプロジェクトなどでは、関わるステークホルダーが非常に多くなるケースがあります。そのようなケースにおいては、各工程でステークホルダーを特定しても、すべてのステークホルダーに直接アプローチすることは困難です。

　そこで、プロジェクトチームは自らの分析にもとづいて、各ステークホルダーに対して優先順位を付けます。**ステークホルダーに優先順位を付ける方法としては、もっとも権力のあるステークホルダーと利害のあるステークホルダーに焦点を当てる**ことが一般的です。

　この優先順位付けは1回限りではなく、プロジェクトの状況が変化した段階で実施する必要があります。

■ステークホルダーの優先順位付けのイメージ

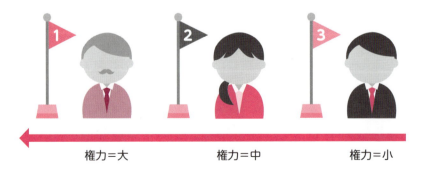

● ステークホルダー登録簿の作成

ステークホルダー登録簿（Stakeholder Register）とは、各ステークホルダーの連絡先などの個人情報、プロジェクトに対する要求、現時点におけるプロジェクトに対する積極的関与（エンゲージメント）などを記載する一覧表のことです。**分析の結果をもとに作成する文書**であり、各人に優先順位も付けます。

記載する情報は非常に機微なため、適切な文書管理が求められます。なお、ステークホルダーが入れ替わる場合は更新が必要です。

■ ステークホルダー登録簿の例

個人が特定できる情報を記載する

現時点の要求事項を記載する

NO	分類	氏名	識別情報		要求事項	関与
			メールアドレス	役職		
1	顧客	大塚和美	111@.jp	営業課長	業務が楽になること	中立
2	顧客	渡部純一	111@.jp	開発課長	システムは利便性を重視してほしい	支援型
3	チーム	中田良子	112@.jp	メンバー	定期的な情報共有	抵抗
4	チーム	水谷葉子	113@.jp	リーダー	顧客を満足させ、次の受注につなげる	支援型

不認識、抵抗、中立、支援型、指導という現時点のエンゲージメントの情報を記述する

まとめ

- もっとも権力のあるステークホルダーと利害のあるステークホルダーに焦点を当て、ステークホルダーに優先順位を付ける
- ステークホルダー登録簿とは、ステークホルダー分析の結果、作成する文書のこと
- ステークホルダー登録簿に記載する情報は非常に機微であるため、適切な文書管理が求められる

31 ステークホルダーのエンゲージメントを高める方法と監視

Sec.28～30ではステークホルダーを特定し、理解・分析して、優先順位を付けました。次はその優先順位にもとづき、各ステークホルダーのエンゲージメントを高め、各ステークホルダーのエンゲージメントを監視します。

● エンゲージメントを高めるコミュニケーション方法

　ステークホルダーのエンゲージメントを高めるには、リーダーシップの発揮や、ソフトスキルの適用が必要です。ソフトスキルには、能動的に相手の話を引き出して意図などを観察する積極的傾聴、対立を適切に解決するコンフリクトマネジメントなどがあります。

　さらに、**エンゲージメントを高めるうえで、効果的なコミュニケーションも必要**です。具体的には、プッシュ型、プル型、そして双方向の3つのコミュニケーション方法があります。これらの中で、エンゲージメントに直接影響を与えるのは双方向のコミュニケーションです。これにより、プッシュ型やプル型よりも深い対話が可能になります。

■ コミュニケーション方法

種類	内容
双方向	ある議題について、各ステークホルダーが共通の理解を得るために利用される方法であり、相手を説得させる必要がある場面で有効。主に対面での会議、電話、Zoomなどのオンラインツールを利用したテレビ会議などがある
プッシュ型	特定の個人に送信する方法。情報は確実に配布されるが、それが実際に意図した受け手に届いたか、相手に理解されたかは保証されない。主に手紙、メモ、メール、ファックス、ブログ、プレスリリースなどがある
プル型	情報量が大量であったり、受け手の人数が非常に多かったりする場合に使用される方法。受信者が必要だと思ったときに、自身の意思でコミュニケーションの内容にアクセスする必要がある。主にウェブポータル、イントラネットサイトなどがある

◉ ステークホルダー関与度評価マトリックスでエンゲージメントを高める

ステークホルダー関与度評価マトリックス（Stakeholder Engagement Assessment Matrix）とは、**各ステークホルダーの現在（Current）の関与度と求められる（Desired）関与度を可視化し、各ステークホルダーのエンゲージメントを求められるレベルまで高めるための、コミュニケーションを利用したアプローチ方法を特定するツール**です。

このマトリックスのポイントは、単なる関与度の可視化ツールではないという点です。なお、エンゲージメントは以下の表のように5段階で定義されます。

このようなマトリックスを利用することで、該当のステークホルダーへのアプローチに関する情報共有が容易になります。さらに、ステークホルダーにチーム全員が同じアプローチを取ることができれば、エンゲージメントをマネジメントしやすくなります。

■ ステークホルダー関与度評価マトリックスの例

ステークホルダー名	①不認識	②抵抗	③中立	④支援型	⑤指導
宗村 邦恵			C	→ D	
ケビン・レトゥーヤ		コミュニケーションレベルを特定		C・D	
福住 みどり			C → D		

C：Current【現在】 ／ D：Desired【求められる】

関与度の5段階　①不認識：プロジェクトの存在を認識していない
　　　　　　　②抵　抗：プロジェクトの進行を邪魔する
　　　　　　　③中　立：抵抗もせず、支持もしない
　　　　　　　④支援型：プロジェクトの進行を支持する
　　　　　　　⑤指　導：プロジェクトをリードする

● フィードバックでエンゲージメントを高める

　PMBOK Guideでは、あらゆる形式のコミュニケーションでのステークホルダーからのフィードバックによって、以下のような情報が得られるとされています。これらの情報を利用して、各ステークホルダーのエンゲージメントを高める材料にできます。

・ステークホルダーがどの程度メッセージを聞いたのか
・ステークホルダーがメッセージに同意するか否か
・ニュアンスが微妙に違うメッセージや、意図しないメッセージを受信者が受け止めたのか否か

　ここでいう**フィードバックとは、相手の特定の行動に対して、明確かつ的確で、建設的な意見を与えること**を指します。相手に明確かつ的確なフィードバックを与えるためには、相手が行動を起こしたあと、すぐに実践することが必要です。つまり、フィードバックには迅速さが求められます。
　さらに、フィードバックは建設的な意見であることが理想です。このような建設的な意見はポジティブフィードバックと呼ばれ、相手の行動を変えるためには、非建設的なネガティブフィードバックよりも適しています。

■ フィードバックのイメージ

フィードバック

フィードバックのポイント

・明確かつ的確なフィードバックには迅速さが必要
・ネガティブフィードバックよりポジティブフィードバックが望ましい

エンゲージメントを監視する方法

　プロジェクトが進むにつれ、各ステークホルダーの権力、インパクト、態度、影響力などが変化する場合があります。そのため、現在のエンゲージメント戦略が効果性を評価し、エンゲージメントへのアプローチを更新する場合もあります。このとき、以下のような**ステークホルダーエンゲージメント計画書**を更新することもあります。ステークホルダーエンゲージメント計画書について、PMBOK Guideでは「プロジェクトの意思決定と実行において、ステークホルダーの生産的な関与を促すために必要な戦略と処置を特定する」と定義しています。

■ ステークホルダーエンゲージメント計画書の例

↑個人を特定する情報を入力　　　↑エンゲージメントを高めるためには、コミュニケーション要求事項も捉えておくことが望ましい

| NO | 分類 | 氏名 | 識別情報 | | 現在の関与度／望ましい関与度 | | | コミュニケーション要求事項 |
| | | | メールアドレス | 役職 | 関与度 | | 現在→将来関与度改善のための戦略 | |
					現在	将来		
1	自社	宗村邦恵	223@jp	役員	支持	支持	本プロジェクトは大きな問題があれば、アポを取り、相談する	定期的に報告してほしい。問題があれば早めの報告をしてほしい
2	チーム	前田三奈子	114@jp	メンバー	中立	支持	・重要な意思決定を行うメンバーとすることで、責任を与え、支持の立場に変えることが必要 ・適宜、プロジェクトに関する上層部の意向などの情報を与え、期待を伝える	どのタイミングでもよいので、口頭で連絡がほしい。メールはあまり確認する時間がない
3	外部	日下部拓也	112@ez	ベンダー	抵抗	中立	・プロジェクトの状況について適宜、文書と電話で伝える ・電話は忙しい時間ではない、午後1〜2時ぐらいにする ・まずは先方の状況を聞いたあとで、こちらの要求を伝える	会社としての基準を遵守したい。そもそも余計なことはしたくない

↑エンゲージメントを「求められるレベル」まで高めるための具体的な方法を記述

まとめ

- 各ステークホルダーのエンゲージメントを高めるには、コミュニケーションが必要である
- エンゲージメントを高めるにはフィードバックで得た情報や、ステークホルダー関与度評価マトリックスなどを利用する
- ステークホルダーへのエンゲージメントのアプローチは見直すこともある

Chapter 4　PMBOK第7版　8つのパフォーマンス領域：チーム

32 パフォーマンス領域2：チーム

ここでは8つのパフォーマンス領域のうち、「チーム」について確認します。このパフォーマンス領域を効果的に実行すると、パフォーマンスの高いチームなどの望ましい成果を得ることができます。

● チームパフォーマンス領域とは

　プロジェクトチームとは、多様なスキル、知識、経験を持つ個々のメンバーからなるチームのことです（Sec.16参照）。このチームがビジネス成果を実現するためには、**チームパフォーマンス領域**が重要です。

　チームパフォーマンス領域とは、プロジェクトの成果物を開発するためのチーム活動全体を指す領域です。この領域を効果的に実行することで、「**メンバーが主体性と責任感を持って能動的に行動するオーナーシップの共有**」「**パフォーマンスの高いチームの組成**」「**すべてのメンバーが適切なリーダーシップスキルやそのほかの人間関係のスキル（Interpersonal Skill）を持つ**」という、望ましい成果が期待できます。

　なお、「人間関係のスキル」とは、リーダーシップスキル、交渉力、影響力、意思決定力、コミュニケーションスキルなど、各メンバーが持つべき人間力のことです。

■ チームパフォーマンス領域での成果

オーナーシップの共有

パフォーマンスの高いチーム

チーム

全メンバーに適切なリーダーシップスキルやそのほかの人間関係のスキル

◉ 役割の定義

　PMBOK Guideでは、チームパフォーマンス領域では高いパフォーマンスを発揮するための文化と環境が不可欠であり、チームを育成し、リーダーシップ行動を奨励することが必要とされています。ポイントは、リーダーシップ行動は全メンバーに求められることです。**特定のメンバーだけが持つ権利のように思われがちですが、リーダーシップは誰でも持てるスキルの1つ**です。それぞれのメンバーが適切なタイミングでリーダーシップを発揮することが、プロジェクトの成功にとって重要です。

　さらに、チームパフォーマンス領域では、各メンバーの役割について理解しておくことが重要です。以下の表は、役割の定義をまとめたものです。みなさんのプロジェクトチームでは、それぞれの役割がチーム全体のパフォーマンスにどのように影響を与えているかを考えながら確認しましょう。

■ 役割の定義

役割	定義
プロジェクトマネジャー	母体組織によって任命された人で、プロジェクトチームを率いて、プロジェクト目標を達成する責任を負う
プロジェクトマネジメントチーム	プロジェクトチームのメンバーのうち、プロジェクトマネジメントの活動に直接関与している要員
プロジェクトチーム	プロジェクト目標を達成するために、プロジェクトの作業を実行する集団

まとめ

- チームパフォーマンス領域の効果的な実行で、オーナーシップ共有、高フォーマンス、全メンバーに適切な人間関係のスキルの成果が望める
- リーダーシップは誰で持てるスキルの1つである
- プロジェクトマネジャーはプロジェクトチームを率いて、プロジェクト目標を達成する責任を負う

Chapter 4 PMBOK第7版 8つのパフォーマンス領域：チーム

33 マネジメントとリーダーシップ

プロジェクトを進めるためには、マネジメントとリーダーシップを適切に利用する必要があります。この2つの要素はどのようなもので、どのような違いがあるのかを確認しましょう。

● 集権型と分権型

　プロジェクトを円滑に進めるには、マネジメントとリーダーシップを活用します。リーダーシップはすべてのメンバーが持つべきスキルであり、全員がリーダーシップの活動を実践することが求められます。一方、マネジメント活動には、集権型と分権型の2つの形態があります。

　集権型のマネジメントでは、**プロジェクト成果への説明責任は、プロジェクトマネジャーまたは同等の役割を担う1人に割り当てられます**。この場合、プロジェクト憲章などの文書により権限が与えられたプロジェクトマネジャーが、プロジェクトチームを組成します。

　一方、**分権型のマネジメント**では、**プロジェクトマネジメントの活動はプロジェクトマネジメントチーム全体で共有され、各メンバーが自身の作業を完了する責任を持ちます**。この場合、母体組織から任命されたプロジェクトマネジャーだけでなく、プロジェクトチームの中から誰かがファシリテーターとなり、コミュニケーションやエンゲージメントを促進する役割を果たします。

■ 集権型／分権型のマネジメント

集権型マネジメント

プロジェクトマネジャーなどが1人で説明責任を持ち、プロジェクトチームを組成する

分権型マネジメント

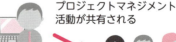

プロジェクトマネジメント活動が共有される

各メンバーが作業を完了する責任を負う

サーバントリーダーシップとは

分権型のマネジメントを支援する際、**サーバントリーダーシップ**が役に立ちます。サーバントリーダーシップは**メンバーを支援する、支援型リーダーシップ**です。この場合のサーバントは「奉仕者」という意味合いが強く、**メンバーに具体的な作業指示は出しません**。以下の表は、サーバントリーダーシップで行うアクションについてまとめたものです。

■ サーバントリーダーシップで適用する3つのアクション

項目	内容
阻害要因の除去	プロジェクトチームの作業に支障をきたす可能性がある要因を除去する。たとえば、メンバー間での情報共有を促進したいが、データの保管場所が明確でない場合に、その場所を定めること
逸脱要素の遮断	外部からチームへの重要でない要求を遮断することで、チームの集中力を維持させる。たとえば、プロジェクトには直接関係ない、上司の追加依頼からチームを守ること
奨励と能力開発の機会	チームの満足度と生産性を維持するためのツールや奨励策を提供する。たとえば、メンバーに動機付けを行ったり、トレーニングを適用したりすること

このサーバントリーダーシップはあくまで支援のみを行い、意思決定は支援を受けているプロジェクトチームが行います。そのため、サーバントリーダーは、各メンバーに適切な意思決定の機会を与えることで、プロジェクトチームが可能な限り自己管理でき、自律性が高まることを目指します。

なお、このサーバントリーダーシップは、主にアジャイル型開発でのプロジェクトマネジャーに適用されます。

■ サーバントリーダーシップのイメージ

サーバントリーダーシップは支援のみを行う　　意思決定はプロジェクトチームが行う

● マネジメントとリーダーシップの違い

マネジメントとリーダーシップは区別せずに使用される場合があります。しかし、この2つは同じ意味ではありません。

マネジメントは、他者をある地点から別の地点へ到達するように導くことに関連し、プロジェクト目標を達成するための手段に焦点を当てています。そのため、効率的なプロセスの確立、作業の計画・調整・監視などが含まれます。

一方の**リーダーシップは、他者をある地点から別の地点へと導くために、議論や討論を通して他者とともに物事を進めることであり、人に焦点を当てています**。そのため、チームに影響を与え、動機付けをし、話を聞き、権限を与えるという活動が含まれます。

以下は、マネジメントとリーダーシップの違いをまとめた表で、過去のPMBOK Guideの内容を修正したものです。この表を確認することで、マネジメントとリーダーシップのイメージが湧くことでしょう。

■ マネジメントとリーダーシップの違い

マネジメント	リーダーシップ
内部を見る	外部を見る
計画を立案し実行する	ビジョンを示す
現状を改善する	未来を創造する
メンバーを統制する	メンバーを鼓舞する
システムと構造に重点を置く	人との関係に重点を置く
短期的な目標に重点を置く	長期的なビジョンに重点を置く
物事を正しく行う	正しいことをする
管理する	革新する
現状維持を承認する	現状維持を疑問視する
メンバーに対して、職権を利用した指示をする	メンバーに対して働きかけをして、協働する

● チーム育成の共通の側面

チームに対してどのようなマネジメント活動を行った場合であっても、プロジェクトチームの育成には共通する要素があります。以下の表は、チームを成長させるために何が必要なのかをまとめたものです。みなさんのプロジェクトでは、このような要素は揃っているでしょうか？

■ チーム育成に共通する要素

要素	内容
ビジョンと目標	プロジェクトのビジョンと目標を全員が認識しておく必要がある。ビジョンと目標はプロジェクト期間を通して伝達され、全員に内面化されていることが求められる
役割と責任	各メンバーが各自の役割と責任を理解し、遂行できるようにすることが重要。知識とスキルとのギャップを特定し、メンタリングやコーチングなどを利用して、何を期待しているのかを明確にする
プロジェクトチームの業務	チームで協力して業務ガイドラインやチームのルールを文書化することは、チームのコミュニケーションや問題解決を促進する
ガイダンス	メンバー全員を同じ方向に向かわせるために、プロジェクトチーム全体に対するガイダンスが必要になる場合もある
成長	プロジェクトチームが優れた成果を上げている分野を特定したり、改善の余地がある分野を指摘したりすることは、個人やチームの成長に役立つ

まとめ

- マネジメント活動には集権型と分権型の2つがある
- サーバントリーダーシップとは、メンバーに具体的な作業指示を行わず、メンバーを支援する支援型リーダーシップのこと
- マネジメントは手段に焦点を当てており、リーダーシップは人に焦点を当てている

Chapter 4 PMBOK第7版 8つのパフォーマンス領域：チーム

34 パフォーマンスの高いチーム

適切なチーム文化が存在している場合、パフォーマンスの高いチームが構築しやすくなります。ここでは、パフォーマンスの高いチームとはどんなチームなのかを確認します。

● 適切なチーム文化

　パフォーマンスの高いチームでは、「適切なチーム文化」が存在しているケースがあります。この「適切なチーム文化」とは、判断やコミュニケーションの透明性が担保されており、安心でき、メンバーが互いに尊重し、支え合い、新しいことにチャレンジでき、肯定的な会話が生まれる環境のことです。

　そのような文化はチームのルールを文書化することや、各メンバーの振る舞いや行動によって自然に形成される場合があります。また、**組織文化の範囲内で展開される**ともいわれています。つまり、母体組織の文化として、フラットに意見を出しやすい環境で、肯定的な会話が利用されている場合は、プロジェクトチームもその影響を受ける可能性があるということを示しています。

■ 適切なプロジェクトチームの文化

適切なチーム文化

・判断やコミュニケーションの透明性が担保されている
・安心でき、メンバーが互いに尊重し、支え合う
・新しいことにチャレンジでき、肯定的な会話が生まれる

● パフォーマンスの高いチームに求められる要素

プロジェクトチームに適切なチーム文化が存在していると、オープンなコミュニケーションを取ることができます。つまり、**パフォーマンスの高いチームを構築することが可能**です。また、**効果的なリーダーシップの目的の1つは、パフォーマンスが高いプロジェクトチームを作る**ことでもあります。

以下の表は、パフォーマンスの高いチームが持つ要因をまとめたものです。

■ パフォーマンスの高いチームの要素

要素	概要
オープンなコミュニケーション	オープンなコミュニケーションを取ることで、理解の共有、信頼、協働が可能
理解の共有	プロジェクトによって得られるベネフィットを共有している
オーナーシップの共有	プロジェクトの成果に対して能動的に主体性や責任を持ち、行動する
信頼	互いに信頼していて、成功のための努力を進める
協働	多様なアイデアを生み出し、よりよい成果を求める
適応力と回復力	変化する状況に対応する能力と、挫折や失敗から迅速に回復する能力を持っている
エンパワーメント	意思決定を行う権限が与えられている
認知	パフォーマンスが適切に評価されていることを認識している

まとめ

- チームの文化は、組織文化の範囲内で展開される
- 安心でき、メンバーが互いに尊重し、支え合うなどの適切なチーム文化が存在すると、パフォーマンスの高いチームを構築することが可能である
- 効果的なリーダーシップの目的の1つは、パフォーマンスが高いプロジェクトチームを作ること

Chapter 4　PMBOK第7版　8つのパフォーマンス領域：チーム

35　リーダーシップスキル

リーダーシップとは人に焦点を当て、議論などを通して他者と物事を進めることです。ここでは、そのようなリーダーシップを発揮するには、どのようなスキルが必要であるかを確認します。

● プロジェクトビジョンの確立と維持

　プロジェクトビジョンとは、プロジェクトによって得られる成果を現時点で魅力的な視点で説明し、プロジェクトの目的を明確かつ簡潔に要約したものです。また、**プロジェクトビジョンによりプロジェクトに想定されている目標への情熱と意味を生み出すことができ、強力なモチベーションのためのツールにもなります**。

　メンバー間で共通のビジョンを持つことで、メンバーを同じ方向に引き付け続けることが可能ですが、そのためには**ビジョンが各メンバーに内面化されていることが必要**です。ビジョンが内面化されていない場合は、各メンバーの作業自体が目的化されてしまう可能性があります。またPMBOK Guideでは、よいビジョンには以下の要素があるとされています。

■ よいビジョンの要素

・力強いフレーズ、または、短い記述でプロジェクトを要約する

・達成可能な最良の結果を説明する

・プロジェクトチームメンバーの心に共通でまとまりのある絵を描く

・成果への情熱を引き出す

● クリティカルシンキングとは

クリティカルシンキングは、日本語では批判的思考といいます。この「批判」の対象は周囲の人ではありません。批判するべきは、著名人や上司など立場のある人の意見や、目の前で行われている事実などを、無条件で受け入れる自分の思考です。つまり、**常にゼロベースで批判的に物事を捉えること**であり、それにはオープンマインドと客観的な分析力が必要です。これにより、周囲の人と協働しながら論理的に物事を考えることになるため、周囲の人に影響を与えるという点でリーダーシップスキルの1つと考えることができます。

PMBOK Guideでは、クリティカルシンキングで適用できる例をいくつか紹介しています。みなさんもプロジェクトでトラブルが発生した場合、以下に挙げたような対応をしていると思います。そのようなケースでは、クリティカルシンキングを利用しているといえます。

・バイアス（思い込み）のない、バランスの取れた情報を調査し、収集する
・問題を認識し、分析し、解決する
・データと証拠を分析して、議論と見解を評価する
・発生した事象を観察し、パターンと問題を特定する
・いろいろな事実から法則を見つけたり（帰納的論理）、法則からさまざまな結論を考える（演繹的論理）などの方法を利用する
・誤った前提、誤った類推、感情的な訴えなどを特定し、明確にまとめる

まとめ

- プロジェクトビジョンは、プロジェクトに想定されている目標への情熱と意味を生み出すことができ、強力なモチベーションのためのツールになる
- ビジョンは各メンバーに内面化されていることが必要である
- クリティカルシンキングとは、常にゼロベースで批判的に物事を捉えること

Chapter 4　PMBOK第7版　8つのパフォーマンス領域：チーム

36 動機付け

動機付けもリーダーシップスキルの1つです。ここではPMBOK Guideに記載されている外発的動機付けや内発的動機付け、また、よく利用される動機付けに関する理論について紹介します。

● 外発的動機付け

　動機付けは、大きく「外発的動機付け」と「内発的動機付け」の2つに分けることができます。

　外発的動機付けとは、他者にアプローチすることで与えることができる動機付けです。具体的には、ボーナスのような報奨、褒めるというアクションなど、個人の得になるようなベネフィットが該当します。ただし、あまり与え過ぎると、高揚感は徐々に逓減するといわれています。

　たとえば、みなさんがプロジェクトでの成果を称えられ、報償金として毎月2万円をもらっているとします。その場合、最初に2万円をもらった月が「2万円ももらえた！」という驚きとともに、「嬉しい！」という感情がもっとも高まるときでしょう。しかし、その2万円を毎月もらっているうちに、いつの間にか当たり前になり、やがて2万円程度では感情が変化しなくなるかもしれません。そのため、外発的動機付けを与える場合は、その頻度と量を考える必要があります。

■ 外発的動機付けの例

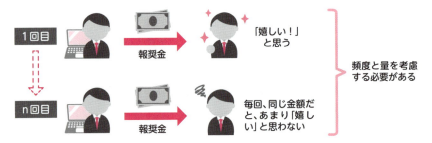

内発的動機付け

一方の**内発的動機付けとは、各人の内側にあり、仕事と関連する動機づけ**です。具体的には、自分ならできるという自己効力感、信念、責任感、連帯感など、仕事自体に喜びを見出すことに関連するものが該当します。

また、外発的動機付けとは異なり、頻度と量を気にする必要はなく、持続する動機付けです。そのため、プロジェクトを進めるためには、外発的動機付けを利用した場合でも、最終的には個人の責任感などに紐付く内発的動機付けに関連付ける必要があります。たとえば、相手に感謝を示すことや、下記のようなものが関連します。

・達成感、挑戦意欲、責任感、自主性や自律性
・仕事についての信念、違いをもたらすこと
・個人の成長
・人とのつながり
・プロジェクトチームの一員であること

プロジェクトで開発した成果物を顧客に提供すると、深い感謝の意を受けることがあります。その感謝をされた瞬間、仕事に対する達成感や人とのつながりを感じ、その顧客に対してさらに貢献したいと思うでしょう。その結果、挑戦意欲、責任感、自主性、自律性を得ることができます。したがって、相手に感謝を示すことは、内発的動機付けに関連付けられます。

■ 内発的動機付けの例

◯ XY理論とは

　PMBOK Guideでは、さまざまな動機付け理論が紹介されています。その1つXY理論は、心理学者ダグラス・マクレイガー氏によって提唱されたもので、労働者の管理において頻繁に利用される考え方です。

　XY理論のうち、**X理論とは、人々が働く主な目的は給与だけであると仮定し、人々は本質的に怠けるものであることを前提とします**。この視点から怠けを矯正させるには、適切なトップダウンによる外発的動機付けが必要であり、罰や報奨金、地位などを与える必要もあるとされます。

　一方の**Y理論は、人々は自己達成のために働き、目的に向かって邁進する意欲があることを前提とします**。したがって、トップダウンによる指示ではなく、メンバーへの支援が必要とされます。

　ここで重要なのは、どちらかの理論が常によいというわけではないことです。状況に応じて、プロジェクトマネジャーはX理論とY理論を巧みに組み合わせて適用し、適切な動機付けを行う必要があります。

　みなさんのプロジェクトにおいても、各メンバーの貢献意欲を引き出すために、X理論とY理論の両方を活用しているのではないでしょうか？

■ XY理論のイメージ

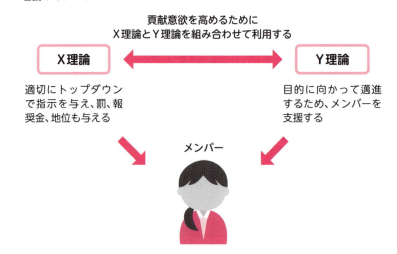

衛生理論とは

心理学者フレデリック・ハーズバーグ氏によって提唱された**衛生理論とは、人々の貢献意欲を刺激するためには、不満足感を防止し、動機付けが必要であるという考え方**です。

ここでいう不満足感の防止とは、会社の方針、給与、役職などの待遇に加えて、リモートワークでのプロジェクト業務の場合には、適切なネットワーク環境や自宅でも仕事に集中できる作業環境などを対象とします。これらの要素は衛生要因と呼ばれます。衛生要因が不足しているとメンバーは不満を感じますが、衛生要因が充分でも満足感につながるとは限らないとされています。

一方の動機付けとは、プロジェクト業務で達成感を得たり、責任範囲を拡大したり、業務を進めることで得られる成果など、仕事の内容に関連する要素を含みます。これらの要素は動機付け要因と呼ばれます。

ここで重要なのは、どれだけ動機付け要因を強化しても、それだけで人々の貢献意欲を高めるのは困難であり、衛生要因を確保する必要があるということです。衛生要因をすぐに改善できない場合でも、いつまでにどの程度改善できるのかを明確にするだけで、状況が好転する可能性があります。

■ 衛生理論のイメージ

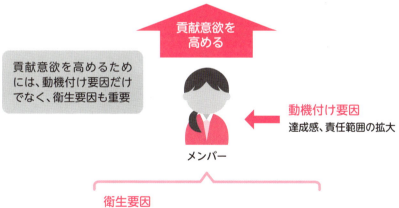

◉ 欲求理論とは

　心理学者デイビッド・マクレランド氏が提唱した**欲求理論とは、人には達成欲求、権力欲求、親和欲求、回避欲求という4つの欲求が存在するという考え方**です。PMBOK Guideでは、このうち達成欲求、権力欲求、親和欲求の3つについて説明しています。

　欲求理論のポイントは、各メンバーがどの欲求を好むのかを把握することです。これによって、メンバーに対して動機付けがしやすくなります。

　以下の表は、欲求理論の4つの欲求とその内容についてまとめたものです。

■ 欲求理論の内容

項目	内容
達成欲求	目標の達成と成功に向けて、諦めずに努力するという欲求。他人に任せるよりも、自分ならできるという自己効力感や、自己責任にもとづき業務を進める傾向があり、チャレンジングな目標や困難なことでも、自力で成し遂げようとする
権力欲求	他人に使われるよりも、他人を自分の支配下に置き、自分は強くかつ有力な存在でありたいと願う個人の欲求。地位や身分を重視するため、権限を与えられることを好む。また、他者からの指示を嫌い、そのような指示を拒否する傾向もある
親和欲求	他者との争いを嫌い、相互理解を大切にして気持ちよく働きたいという欲求。親和欲求が強い人は、他者との交友関係を作り上げ、他者からよく見てもらいたい、好かれたいという願望が強くなる。一方、親和欲求が弱い人は、他者から視線を気にせず、必要以上に馴れ合う関係を作らない
回避欲求	失敗や困難な状況を避けようという欲求。心理的な負荷を嫌い、原則安全な行動を取るため、受けた仕事の精度が高くなる傾向がある

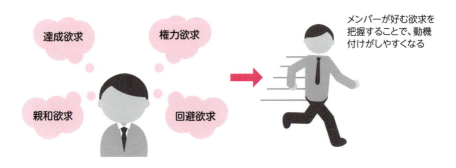

動機付けの全体構造

　ここまで、動機付けについて説明してきましたが、ここでは改めて動機付けの全体像を説明します。メンバーを含めた各ステークホルダーのエンゲージメント（貢献意欲）を高めるには動機付けが必要ですが、プロジェクトビジョンや環境も重要な要素となります。つまり、**エンゲージメントを高めるには、動機付けだけでは不十分**なのです。

■ 動機付けの全体構造

外発的動機付け
外から得られる金銭的・精神的な報酬による動機付け（持続性がない）
◆報酬、強要、監視、統制、競争、評価という外発動機付けを強めると、内発的動機付けが得られにくい
◆外発的動機付けを上手く取り込む方法を考えることが大切

内発的動機付け
個人の好奇心や探求心、向上心に関係し、成長していると感じること（持続性がある）

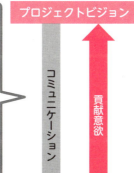

プロジェクトビジョンは変わる場合がある

各ステークホルダーのエンゲージメント（貢献意欲）を高めるには、定期的にマネジメントとメンバーの双方でビジョンを確認し合い、プロジェクトビジョンを内面化させる必要がある

メンバーがプロジェクトを進めるためにどのような環境を望んでいるのかを確認し、少しずつ改善する

まとめ

- 動機付けには外発的動機付けと内発的動機付けがある
- 相手に感謝を示すことは、内発的動機付けに関連付けることができる
- エンゲージメントを高めるには、動機付けに加えてビジョンや環境も重要である

Chapter 4　PMBOK第7版　8つのパフォーマンス領域：チーム

37　感情的知性

感情的知性は自身の感情をマネジメントし、相手の感情をマネジメントするスキルであり、自己認識、自己管理、ソーシャルスキル、ソーシャル認識の4つに分類できます。チームをマネジメントする過程で必要なスキルとなります。

● 感情的知性とは

　感情的知性（EI：Emotional Intelligence）とは、リーダーシップスキル、交渉力、影響力、意思決定、コミュケーションに関わるスキルなど、各人が持つ人間力である「人間関係のスキル」（P.86参照）の1つであり、**自身の感情をマネジメントし、相手の感情をマネジメントするスキル**です。1980年代後半に心理学者ピーター・サロベイ氏が提唱し、この知性を測定する指標を心の知能指数（EQ：Emotional Intelligence Quotient）といいます。もしかすると、EQという言葉のほうが有名かもしれません。

　感情的知性はチームのエンゲージメントだけでなく、ステークホルダーのエンゲージメントを高めるためにも必要です。たとえば、納期が厳しいプロジェクトを担当し、プロジェクトの状況がどんなによくない場合でも、プロジェクトマネジャーは、状況を的確に把握し、冷静さを保ち、取り乱すことはしないでしょう。また、プロジェクトを進める中でメンバーが不安そうな顔をしている場合、そのメンバーの様子が気になり、声を掛けるのではないでしょうか。つまり感情的知性とは、そのような状況で利用する考え方です。

■ 感情的知性を利用する状況

・不安そうな顔をしているメンバーが気になり、声を掛ける
・プロジェクトの状況がよくないが、取り乱さない
・冷静さを保つ

感情的知性の概要

　感情的知性は、主として自己認識、自己管理、ソーシャルスキル、ソーシャル認識の4つに分類できます。

　このうち、自己認識と自己管理は自身に対するマネジメントであり、自身の人間性に関わる内容です。一方、ソーシャルスキルとソーシャル認識は相手に対するマネジメントであり、人間関係に関わる内容です。

　以下の表は、感情的知性を構成する4つの項目についてまとめたものです。どれも関連性が高いものであり、自身で意識をしながら、満遍なく高める必要があります。みなさんのマネジメントでも意識してみてはいかがでしょうか。

■ 感情的知性の4つの項目の概要

分類	項目	概要
人間性	自己認識	自己評価を行う能力のこと。この分野には自身の感情や長所・短所を理解していることを含む
人間性	自己管理	窮地でも取り乱さず、自身の感情をコントロールして方向転換する能力のこと。行動を起こす前に、立ち止まって考えることなどを含む
人間関係	ソーシャルスキル	対人関係や集団行動を円滑にするための能力。チームのマネジメント、ステークホルダーとの信頼関係の構築を含む
人間関係	ソーシャル認識	相手の感情を理解し、考慮する能力のこと。相手のノンバーバル（言葉に表さない気持ち）を汲み取る能力も含む

まとめ

- 感情的知性とは、自身の感情と相手の感情をマネジメントするスキルのこと
- 感情的知性は、ステークホルダーのエンゲージメントを高めるためにも必要である
- 感情的知性は、自己認識、自己管理、ソーシャルスキル、ソーシャル認識の4つに分類できる

38 コンフリクトマネジメント

コンフリクトとは、プロジェクトで発生する衝突や対立のことです。コンフリクトを適切に解決することは、チームを正しい方向に進めるために不可欠です。ここでは、コンフリクトマネジメントについて確認します。

● コンフリクトとは

コンフリクト（Conflict）とは、ステークホルダー間で意見の衝突などが発生している状態のことです。**プロジェクトを進める過程で、必ず発生する**といわれています。

コンフリクトを適切に解決できれば、チームのパフォーマンスや生産性が向上しますが、解決できない場合は、低下してしまいます。コンフリクトが発生する原因は、価値観や認識の違い、相手に対する競争意識、いった／いわないなどで発生するコミュニケーションロス、プロジェクトの作業活動に対する不満などが挙げられます。

コンフリクトを解決するには、オープンなコミュニケーションを利用して相手を尊重し、人ではなく課題に焦点を当て、過去ではなく今後のことを優先しつつ、相手と一緒に代替案を探すなどの方法があります。

■ コンフリクトのイメージ

感情的知性を利用した
コミュニケーションで解消する

コンフリクトの原因

・価値観や認識の違い
・相手に対する競争意識
・いった／いわないなどで発生するコミュニケーションロス
・プロジェクトの作業活動に対する不満

○ コンフリクト・モデルとは

コンフリクトを解決するためには、以下の5つのアプローチ(コンフリクト・モデル)があります。コンフリクトに対して、1つのアプローチだけ適用すればいいということはありません。そのコンフリクトの背景や内容に応じて、いろいろ使い分ける必要があります。

■ コンフリクトマネジメントの5つのアプローチ

名称	内容
撤退・回避	コンフリクトから身を引き、解決を諦めること。あるいは、解決できる人が現れるまで決断を先延ばしにすること すぐに行動に移すことができるため、解決が難しい根深いコンフリクトの一時的な対処として利用される場合がある
鎮静・適応	意見が異なった部分より、同意できる部分を強調すること。直接的な問題解決手段ではないため、コンフリクトが再発する可能性がある
妥協	全員がある程度、満足できる解決策を模索すること。部分的にコンフリクトを解決できる。コンフリクトの解消という点では、直面・問題解決の次によい策とされている
強制	権力を行使して緊急事態を考慮するなど、相手に対して自分の意見を押し付けること。撤退・回避と同様に、すぐに行動に移すことができるため、解決が難しい根深いコンフリクトの一時的な対処として利用される場合がある
直面・問題解決（協力）	双方が納得するまで話し合う解決策。コンフリクトを完全に解決するという点において、最良とされる。しかし、コンフリクトの完全解消に時間が掛かり、有期的という要素を持つプロジェクトには、状況により適切でない場合がある

まとめ

- コンフリクトとは、プロジェクトで発生するいざこざのこと
- プロジェクトでは必ずコンフリクトが発生する
- コンフリクト・モデルは5つのアプローチがあり、いろいろ使い分けることでコンフリクトを解決する

Chapter 4　PMBOK第7版　8つのパフォーマンス領域：開発アプローチとライフサイクル

39 パフォーマンス領域3：開発アプローチとライフサイクル

8つのパフォーマンス領域のうち、「開発アプローチとライフサイクル」について確認しましょう。開発アプローチとは開発法のことであり、ライフサイクルとはプロジェクトの開始から終了までの一連のフェーズのことです。

● 開発アプローチとは

　開発アプローチとは、「プロジェクトライフサイクル」の期間中において、プロダクト、サービス、または所産を創り発展させるために用いる開発法です。**予測型、反復型、漸進型、アジャイル型、ハイブリット型**などの方法があります。ここでいう**プロジェクトライフサイクルとは、プロジェクトの開始から終了に至る一連のフェーズ（工程）のこと**です。

　どのような開発法を利用した場合でも、プロジェクトは必ずフェーズで構成されています。一般に、顧客や環境の要求変化に柔軟に対応するITプロジェクトでは、適応型（次ページ参照）がよく利用されます。また、開発規模が大きく、変化に柔軟に対応することが難しい建設プロジェクトであれば、予測型を利用するケースが多くなります。このように開発アプローチによって、フェーズの進め方が異なります。

■開発アプローチのイメージ

ハイブリット型とは、予測型と適応型の両方の要素を持つ開発アプローチ

開発アプローチの種類

前述のように、開発アプローチには、予測型、反復型、漸進型、アジャイル型、ハイブリット型があります。予測型はウォーターフォール型ともいいます。また、反復型、漸進型、アジャイル型は、顧客の要求や環境の変化に柔軟に適応できる開発アプローチであるため、総称して「適応型」と呼ぶ場合があります。以下の表は、各開発アプローチの特性をまとめたものです。

■ 各開発アプローチの特性

開発法	要求事項	アクティビティ	単一プロダクトの納品	目標
予測型	固定	プロジェクト全体で1回実行	1回の納品	変化に柔軟に対応しにくいため、変更によってコストに影響を与えないようにマネジメントする
反復型	動的	是正されるまで反復	1回の納品	各工程で顧客からフィードバックをもらい、ソリューションの正しさを確認する
漸進型	動的	増分ごとに1回実行	頻繁で小さな納品	納品までのスピードを重視する
アジャイル型	動的	是正されるまで反復	頻繁で小さな納品	頻繁な納品とフィードバックを通して、顧客に価値を提供する

まとめ

- 開発アプローチとは、プロジェクトでの開発法のこと
- 開発アプローチには、予測型、反復型、漸進型、アジャイル型、ハイブリット型がある
- プロジェクトライフサイクルとは、プロジェクトの開始から終了に至る一連のフェーズのこと

Chapter 4　PMBOK第7版　8つのパフォーマンス領域：開発アプローチとライフサイクル

40 予測型アプローチとハイブリット・アプローチ

Sec.39で解説した開発アプローチのうち、ここでは予測型アプローチとハイブリット・アプローチについて確認をします。ハイブリット・アプローチは、プロジェクトで利用しやすい開発法かもしれません。

● 予測型アプローチとは

　予測型アプローチとは、主に規模の大きい成果物を開発するときに利用する開発法です。「計画駆動型」や「ウォーターフォール型」と呼ばれることもあり、建設系プロジェクトや重工業系プロジェクトなどでよく利用されています。

　予測型アプローチの特徴は、どのようなもの（スコープ）をいつまでに（スケジュール）、いくらで（コスト）作るのかという制約条件を、プロジェクトのできるだけ早い段階で明確に決めることです。この関係で、状況の変化に柔軟に対応することが難しく、工程での手戻りが起こらないよう、1つ1つの工程を丁寧に進めます。また、規模の大きい成果物を開発するため、プロジェクトに参加するメンバーの人数も増えます。その結果、**プロジェクトをマネジメントするための文書類の数も増加する傾向**があります。

■ 予測型アプローチの例

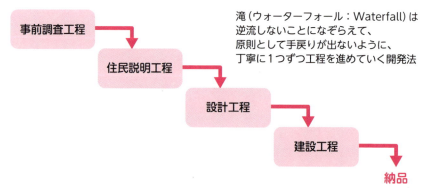

滝（ウォーターフォール：Waterfall）は逆流しないことになぞらえて、原則として手戻りが出ないように、丁寧に1つずつ工程を進めていく開発法

ハイブリット・アプローチとは

　ハイブリット・アプローチとは、**予測型アプローチと適応型アプローチを組み合わせた開発法**です。予測型アプローチの中でアジャイル型、反復型、漸進型の実務慣行を利用したり、適応型アプローチの中で予測型アプローチで開発した作成物やプロセスを利用するなどします。以下はハイブリット・アプローチの例です。

■ ハイブリット・アプローチの例

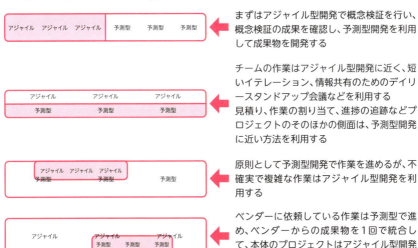

まずはアジャイル型開発で概念検証を行い、概念検証の成果を確認し、予測型開発を利用して成果物を開発する

チームの作業はアジャイル型開発に近く、短いイテレーション、情報共有のためのデイリースタンドアップ会議などを利用する
見積り、作業の割り当て、進捗の追跡などプロジェクトのそのほかの側面は、予測型開発に近い方法を利用する

原則として予測型開発で作業を進めるが、不確実で複雑な作業はアジャイル型開発を利用する

ベンダーに依頼している作業は予測型で進め、ベンダーからの成果物を1回で統合して、本体のプロジェクトはアジャイル型開発で進める

まとめ

- 予測型アプローチは、規模の大きい成果物を開発する際に利用する開発法である
- 予測型アプローチでは、プロジェクトを管理するための文書類が増える
- ハイブリット・アプローチとは、予測型アプローチと適応型アプローチを組み合わせた開発法のこと

Chapter 4　PMBOK第7版　8つのパフォーマンス領域：開発アプローチとライフサイクル

41 反復型アプローチと漸進型アプローチ

Sec.39で解説した開発アプローチのうち、ここでは反復型アプローチと漸進型アプローチについて確認します。反復型と漸進型はどちらも適応型の開発方法の1つであるため、両者の構造は少し近いかもしれません。

● 反復型アプローチとは

　反復型アプローチは、各工程で顧客にプロトタイプを提供し、要求を明確化して、顧客の要求の変化に対応する開発法です。このアプローチでは、プロジェクトが進行する過程で変化に柔軟に対応しながら、最終的に1つの最終プロダクトを完成させます。この変化は顧客の要求だけでなく、スケジュールやコストの見積りが定期的に見直されることも含みます。そのため、**顧客のフィードバックを得ながらプロジェクトを進めるのに適した開発法**です。

　反復型アプローチでは、部分的に完成した成果物を提供します。最終的には1つの最終プロダクトが完成するという点で、予測型アプローチと混同されやすい一面があります。ただし、変化への対応という観点では、2つの開発方法は大きく異なります。そのため、反復型アプローチは、小規模ソリューション開発などのITプロジェクトで利用されることがあります。

■ 反復型アプローチの例

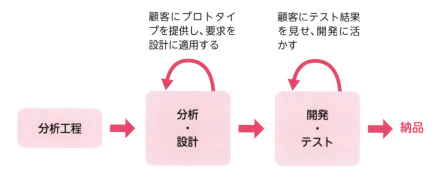

● 漸進型アプローチとは

漸進型アプローチは、小規模な納品を頻繁に繰り返す開発法であり、顧客が直ちに使用できる完成した成果物を提供します。ここでいう「漸進」とは、順を追って徐々に進むことを意味します。つまり、価値を提供できる成果物の納品を繰り返すことで、最終プロダクトを完成させます。顧客は成果物から価値を確認できるため、この開発法ではスピードが重視されます。なお、各工程で納品する成果物の大きさが違う場合は、工程の期間が異なることもあります。

以下の図のように、漸進型アプローチでは最初の「構築」へ徐々に機能を追加していきます。人材育成のためのトレーニング計画において、段階的にトレーニング案を開発する場面などで利用できます。

■ 漸進型アプローチの例

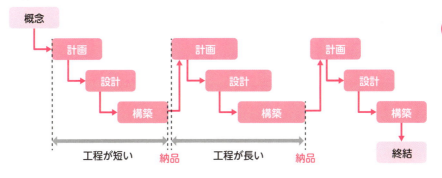

まとめ

- 反復型アプローチは、各工程でフィードバックを得ながら、その工程での成果物を開発し、最終的に1つの最終プロダクトを完成させる開発法である
- 漸進型アプローチは、価値を提供できる成果物から少しずつ納品する開発法である
- 反復型と漸進型は、適応型の開発法の1つである

Chapter 4 PMBOK第7版 8つのパフォーマンス領域：開発アプローチとライフサイクル

42 アジャイル型アプローチ

Sec.39で解説した開発アプローチのうち、アジャイル型アプローチはリーン生産方式の考え方がベースとなっています。アジャイル型アプローチを適用するには、顧客などのプロジェクト依頼者の協力が不可欠です。

● アジャイル型アプローチとは

アジャイル型アプローチとは、頻繁な納品とフィードバックを通して顧客に価値を提供する開発法です。主にIT系のプロジェクトで利用されています。プロジェクトチームがコントロールしやすい自社投資のプロジェクトや、スマートフォンのアプリケーションなど、小規模な成果物の開発に適しています。

また、トヨタ生産方式の考え方である「必要なものを、必要なときに、必要なだけ」というジャストインタイムや、それで利用される生産指標の**カンバン**という考え方が米国で研究され、**リーン生産方式**として概念化されたものを、システム開発分野で適用した開発法でもあります。カンバンとは、余計なものを開発しないように、後工程を担当する人が、必要なものを前工程の人に「カンバン」という帳票を利用して伝えるという方法のことです。また、リーン生産方式の「リーン」は「スリムな」という意味で、余計なものを開発しないことに由来します。つまり、カンバンやリーン生産方式などがもととなる**アジャイル型アプローチでは、計画書などの文書類は必要なものだけを作成**します。

■アジャイル型アプローチの特徴

アジャイル型アプローチ
計画書などの文書類は必要なものだけを作成する

カンバン
必要なものを、必要なときに、必要なだけ

リーン生産方式
無駄なく、スリムに

● アジャイル型アプローチの構造

プロジェクトに参加する顧客のエンゲージメントが低い場合、アジャイル型アプローチの適用は困難です。また、各イテレーションの中で成果物をレビューして、顧客から成果物についてのフィードバックをもらう必要があります。つまり、顧客は各イテレーションで実施されるレビューへの参加が必須になります。そのため、顧客のエンゲージメントが一緒に成果物を作り上げる程度の高いレベルでなければ、アジャイル型アプローチは利用しづらいのです。

■ アジャイル型アプローチの特徴

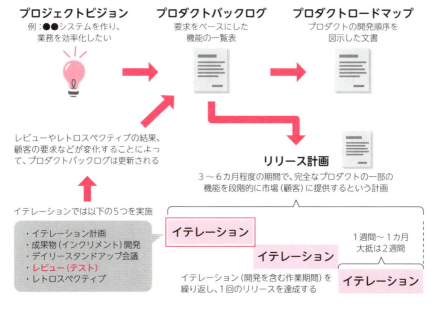

まとめ

- アジャイル型アプローチのベースは、カンバンやリーン生産方式である
- 同アプローチでは、文書類は必要なものだけを作成する
- 同アプローチでは、顧客のエンゲージメントが高いことが大切である

43 デリバリー・ケイデンス

Chapter 4　PMBOK第7版　8つのパフォーマンス領域：開発アプローチとライフサイクル

デリバリー・ケイデンスとは、プロジェクトの成果物を納品する頻度のことです。1回、複数回、定期的の3種類があり、開発する成果物によって異なります。ここではそれぞれの特徴と、開発アプローチとの関係性について解説します。

● デリバリー・ケイデンスとは

デリバリー・ケイデンスの「ケイデンス」とは、プロジェクト全体を通じて実施されるアクティビティのリズムのことです。つまり、**デリバリー・ケイデンスとは、成果物を提供する頻度のこと**です。

デリバリー・ケイデンスは開発する成果物によって異なります。たとえば、大型の都市開発プロジェクトにおいて、高層ビルなどの建物はすべての機能が整わないと提供できない場合があります。このケースでは、プロジェクトの最後のほうで1回だけのデリバリーとなります。また、高層ビルを管理するため、従業員それぞれのスキルレベルに合わせたトレーニングの提供が必要かもしれません。その場合は、複数回のデリバリーになるケースもあります。

■ デリバリー・ケイデンスの例

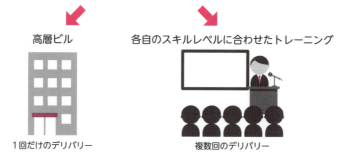

都市開発プロジェクトでは複数の成果物を提供する

○ デリバリー・ケイデンスの種類

デリバリー・ケイデンスは基本的に**1回、複数回、定期的の3種類に分類**できます。以下の表は、デリバリー・ケイデンスと開発アプローチの関係をまとめたものです。

このほか、DevOpsで利用される場合がある「継続的デリバリー」もあります。DevOpsとは、ソフトウェアなどのデジタルプロダクトを開発する際に、開発（Development）担当者と運用（Operations）担当者が連携して協力する開発アプローチのことです。

■ デリバリー・ケイデンスと開発アプローチの関係

デリバリー・ケイデンス	開発アプローチ	内容
定期的なデリバリー	アジャイル型	毎月、隔月など、決まったスケジュールでデリバリーをする。たとえば、新しいアプリケーション構築では2週間ごとにデリバリーされたあと、定期的に市場にリリースされる
複数回のデリバリー	反復型、漸進型	プロジェクト期間中に複数の異なるタイミングでデリバリーされる。たとえば、新薬開発プロジェクトでは前臨床試験の報告、第1相試験の結果、第2相試験の結果、登録、発売など複数回のデリバリーが行われる
1回だけのデリバリー	予測型	プロジェクトの終了時にデリバリーされる。たとえば建設プロジェクトは、プロジェクト・ライフサイクルの最後に1回だけプロダクトをデリバリーする

まとめ

- デリバリー・ケイデンスとは、成果物を提供する頻度のこと
- デリバリー・ケイデンスはプロジェクトで開発する成果物により異なる
- デリバリー・ケイデンスは基本的に1回、複数回、定期的の3種類に分類できる

Chapter 4 PMBOK第7版　8つのパフォーマンス領域：開発アプローチとライフサイクル

開発アプローチの選択に考慮すること

PMBOK Guideでは、開発アプローチの選択に影響を与える要因として、プロジェクト、成果物（プロダクト、サービスまたは所産）、組織の3つのカテゴリーで説明しています。

● プロジェクトに関わる要因

　プロジェクトにおいて、開発アプローチは予測型、反復型、漸進型、アジャイル型、ハイブリット型という5種類があることを説明しました（Sec.39参照）。このうち、予測型と適応型（反復型、漸進型、アジャイル型）のいずれかを選択する場合に影響する要因について、PMBOK Guideでは3つのカテゴリーに分けて説明しています。

　1つ目のカテゴリーは「プロジェクト」です。このカテゴリーは主に、適応型の特徴を示しています。

■ カテゴリー「プロジェクト」に関わる要因

要因	内容
ステークホルダー	「適応型」ではプロセス全体を通してステークホルダーの顕著な関与が必要。アジャイル型のイテレーション内で実施するレビューやレトロスペクティブ（振り返り）では、ステークホルダーからのフィードバックを得て、プロダクトバックログを更新する場合がある
スケジュールの制約条件	完成品ではなく、完成品の一部の機能を早い段階で提供する必要がある場合は「適応型」が妥当
資金調達の可能性	資金調達に不安がある環境でのプロジェクトにおいては「適応型」が妥当。「適応型」は少ない投資で、完成品の一部の機能を市場にリリースできる。つまり、最小の投資で市場に影響を与え、市場シェアの獲得が可能になる

● 成果物に関わる要因

　2つ目のカテゴリーは「成果物」（プロダクト、サービス、所産）です。プロジェクトで提供する成果物の視点で開発アプローチについて考えたとき、予測型と適応型のどちらが妥当であるか検討します。

　なお、PMBOK Guideでは「成果物」のカテゴリーを細かく分類しています。以下の表は、成果物に関わる主な要因についてまとめたものです。

■ カテゴリー「成果物」に関わる要因

要因	内容
イノベーションの度合い・要求事項の確実性	要求事項が明確な成果物であれば「予測型」が妥当 高度な技術革新を伴う成果物やチームに経験がない成果物、要求事項が不安定な場合は「適応型」が妥当
スコープの安定性・変更の容易さ	成果物のスコープが安定していて、変更される可能性が低い場合は「予測型」が妥当 スコープに多くの変更があると予測されるときは「適応型」が妥当
デリバリーオプション	大規模プロジェクトで、最終プロダクトを提供する場合は「予測型」が妥当 部分的に開発したり、提供したりできるプロダクトであれば「適応型」が妥当
安全要求事項	厳格な安全要求事項があるプロダクトの開発には、事前に綿密な計画を立てるため「予測型」が妥当
規制	厳しい監督官庁の規制が伴う環境では、要求されるプロセスや文書があるため「予測型」が妥当

● 組織に関わる要因

　3つ目のカテゴリーは「組織」です。この「組織」とは、みなさんが所属している会社と考えてください。会社の構造や文化からの視点で、妥当な開発アプローチについて考えることができます。

　またPMBOK Guideでは、組織として予測型から適応型のアプローチに変更するためには、経営層を始めとする組織全体で、組織の方針、働き方、報告体系などの根本的な姿勢を変える必要があると説明しています。

■ カテゴリー「組織」に関わる要因

要因	内容
組織構造	多くの階層、厳格な報告体系、および硬直的な官僚主義を伴う組織構造では「予測型」が妥当。「硬直的な官僚主義」とは変化の対応に柔軟でなく、指示・命令系統が明確になっている構造のこと 組織がフラットな構造であり、社員が自ら考え行動できる自己組織化された組織であれば「適応型」が妥当
文化	管理と指示の文化を持つ組織あれば、作業が計画され、規則的に進捗状況を評価するため「予測型」が妥当 社員が自ら考え行動できる組織文化であれば「適応型」が妥当
プロジェクトチームのサイズと場所	チームが大きく、複数拠点でテレワークなどを利用するバーチャルチームが存在している場合は「予測型」が妥当。ただし、この場合でも「適応型」の開発アプローチを適用することは可能ではある メンバーの人数が少なく、1カ所に配置されたチームであれば「適応型」が妥当

予測型(ウォーターフォール型)とアジャイル型の特徴

開発アプローチの選択時に考慮する要因として、PMBOK Guideでは以上の3つのカテゴリーについて解説しています。これは開発アプローチの「予測型」(ウォーターフォール型)とアジャイル型を見分ける際にも利用できます。

以下の表は、予測型とアジャイル型の特徴を比較したものです。

■ 予測型(ウォーターフォール型)とアジャイル型の特徴

項目	予測型	アジャイル型
メンバー	専門的な役割が必要なスキルに応じて参加	機能横断のメンバーでプロジェクト全体を管理。「機能横断のメンバー」とは、あらゆることができるメンバーのこと
コミュニケーション	プロジェクトの開始時に要求事項を提供する 開発中はステークホルダー(プロジェクト依頼者)とチームとのやり取りはない	プロジェクト全体に渡って要求事項を提供する イテレーションごとに、少なくとも1回はチームと対話する
スコープとコスト(予算)	特定のスコープには設定されたコストが関連付けられる	予算はプロジェクトに関連付けられる。スコープは変化するため、予算はスコープには関連付けられない
環境	予測しやすいシンプルな作業工程に合う	環境や状況の変化に対応できる、複雑な作業工程に合う

まとめ

- 開発アプローチの選択においては、プロジェクト、成果物、組織という3つのカテゴリーと関わる
- 開発アプローチはあらゆる要因を考慮して選択するのが妥当
- 予測型は要求がほぼ変化しない、予測しやすいシンプルな作業工程に合う

45 フェーズゲート

「フェーズゲート」とは、プロジェクトのパフォーマンスと進捗、ベネフィットを確認するポイントのことです。フェーズゲートは原則として、各フェーズの最後のほうに設定されています。

● フェーズゲートとは

フェーズゲートについて、PMBOK Guide では「**フェーズの終了時に実施するレビュー。プロジェクトやプログラムを次のフェーズにそのまま継続するか、修正しつつ継続するか、あるいは中止にするかを判断する**」と記載されています。フェーズゲートは、ガバナンス・ゲート、ステージ・ゲート、中止点、トール・ゲートと呼ばれる場合もあります。つまり、各フェーズが望ましい成果、または完了基準の達成を確認することを示しています。

■ プロジェクト全体の中でのフェーズゲートの例

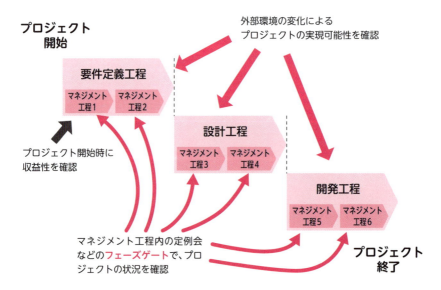

マネジメント工程でフェーズゲートを設定する

　フェーズと聞くと、要件定義工程、設計工程、開発工程などをイメージしがちです。しかし、そのようなフェーズではプロジェクトによっては数カ月程度の所要期間が必要となり、実現可能性の確認が遅れてしまう恐れがあります。

　望ましいのは、要件定義工程、設計工程、開発工程の中に、いくつかのマネジメント工程を設定しておくことです。そのように**細かく分けることで、顧客の要求変化などの状況に柔軟な対応が可能**になります。また、プロジェクトを取り巻く経済、社会、政治などの外部環境の変化によっても、プロジェクトが望ましい成果を提供できなくなる恐れがあります。その場合、プロジェクトの中断も検討することになります。つまり、**フェーズゲートを細かく設定することによって、そのような外部環境にも対応できるのです。**

　プロジェクトにおいてフェーズゲートに該当するチェックポイントは、どのようなものがあるのか想定しておきましょう。

■ フェーズゲートの例

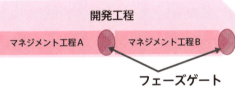

顧客の要求や環境などの変化が予測できるプロジェクトであれば、細かくフェーズゲート（チェックポイント）を設定する

まとめ

- フェーズゲートは、現時点でプロジェクトに何らかの異常が発生していないかを確認するためのチェックポイントである
- 原則、フェーズゲートはフェーズの最後のほうで設定される
- 変化が予測できるプロジェクトでは、フェーズゲートを細かく設定しておく必要がある

Chapter 4　PMBOK第7版　8つのパフォーマンス領域：計画

46 パフォーマンス領域4：計画

プロジェクトを進めるためには「計画」は必要です。また、1つとして同じ計画はありません。それでは、どのような計画が望ましいのでしょうか。ここでは、計画に影響を与える要因について確認します。

● 計画とは

　プロジェクトを成功させるためには、計画が不可欠です。**計画の主な目的は、成果物の開発に向けたアプローチを事前に設定すること**です。このため、プロジェクトチームは、プロジェクトの初期段階で作成されたプロジェクト憲章やビジョン記述書など、プロジェクトの目標が明記されている文書を段階的に詳細化し、望ましい成果を達成するための道筋を定義する必要があります。

　さらに、PMBOK Guideでは、プロジェクトの計画作成に費やす時間は状況に応じて決定すべきとしています。つまり、計画から得られる情報は、適切な進行状況を保つため、またステークホルダーの期待をマネジメントするために十分であればよく、過度に詳細な計画は必要ありません。また、**計画は硬直化されるべきではなく、新たなニーズや状況の変化に応じて、プロジェクト全体を通じて適合させる**必要があります。

■ 妥当でない計画と妥当な計画

妥当でない計画
・必要以上に詳細な計画
・硬直化した計画

妥当な計画
・適切にプロジェクトが進む程度の計画
・新たなニーズや状況の変化に対応する計画

計画に影響を与える要因

プロジェクトにおいては、1つとして同じ計画はありません。その量や立案のタイミングもそれぞれ異なります。**プロジェクトの見積りやスケジュールが計画に影響を及ぼす要因である一方で、そのほかにも影響を与える要因が存在**します。以下の表は、それらについてまとめたものです。

■計画に影響を与える要因

要因	内容
開発アプローチ	プロジェクトの開始時に具体的なフェーズが存在している場合や、事前に概要の計画を立案し、そのあとにプロトタイプを使い設計フェーズを進める場合などは、計画立案のタイミングや詳細度が異なる。また、予測型とアジャイル型の違いよっても、計画立案のタイミングや詳細度は異なる
成果物	建物を提供するプロジェクトであれば、事前に入念な計画を立てる。またデジタルプロダクトを提供する場合は、状況の変化に適応できる計画が望ましい
組織の要求事項	組織の文化などにより、プロジェクトマネジャーが計画を立案する場合がある
市場の状況	市場の変化が激しい場合、プロダクトを市場に提供するまでの期間が短いほうがよいため、計画を最小限にする
法律・規制による制限	行政などの規制機関や法令により、事前に特定の計画文書を求められる場合がある

まとめ

- 計画の目的とは、成果物を開発するためのアプローチを事前に決めること
- 妥当な計画は、適切にプロジェクトが進む程度の計画であり、新たなニーズや状況の変化に対応する計画である
- 市場や規制機関などの外部環境も、計画に影響を与える要因となる

Chapter 4　PMBOK第7版　8つのパフォーマンス領域：計画

47 見積り

「見積り」は計画に影響を与える要因の1つです。ここでは、見積りに関連する要素や、見積りの種類について確認します。なお、開発アプローチの特徴により、利用しやすい見積りがあります。

● 見積りに関連する4つの側面

　計画には工数、所要期間、コスト、人的・物的資源に対する見積りが必要です。このため、見積りは計画に影響を与える要因の1つとなります。見積りも計画と同じく、プロジェクトの進展に伴い、新しい情報や現在の状況にもとづいて変更される場合があります。

　プロジェクトの期間中、見積りを何度も作成することはよくあります。PMBOK Guideでは、**見積りには関連する振れ幅、正確さ、精密さ、信頼度の4つの側面がある**と説明しています。このうち、「振れ幅」と「正確さ」は類似しています。以下の表は、見積りの4つの側面についてまとめたものです。

■ 見積りに関連する側面

項目	内容
振れ幅・正確さ	プロジェクト開始時は振れ幅が大きくなり、−25%〜＋75%という概算見積りになる。プロジェクトを進めることで振れ幅は−5%〜＋10%になる 正確さとは、見積りの正しさのこと。プロジェクト開始時は情報が少ないため、正確さが低くなる
精密さ	見積りの精度の高さであり、厳密さの度合いのこと。ばらつきが小さいほど、精密さは高くなる。精密さと正確さは異なる
信頼度	各自の経験が多いほど、見積りに対する信頼度は高まる

見積りの種類

PMBOK Guideでは、以下の表のように6種類の見積りの種類を説明しています。開発アプローチの特徴により、利用しやすいものがあります。

■ 見積りの種類

種類	内容
決定論的見積り	「これは30カ月！」など、ピンポイントで見積る
確率論的見積り	30～40カ月など、範囲で発生確率に沿って見積る。計算をして見積場合は「三点見積り」を利用する
絶対的見積り	特定の情報を利用して、工数、日数、コストを見積る。見積技法として、類推見積り、パラメトリック見積り、ボトムアップ見積りなどを利用する
相対的見積り	絶対的見積りのように正確な数値を求める方法ではなく、ある1つの見積りに対して比較することで、規模感やパフォーマンスを特定する。アジャイル型開発でよく利用する
フローベースの見積り	タスクを開始してから完了するまでの時間であるサイクルタイムと、特定の期間内にチームが完了させた作業アイテムの数であるスループットを利用して見積る。つまり、ある一定期間内でどの程度のアウトプットができるのかを考える。アジャイル型開発でよく利用する
不確かさの予測の調整	特定できるリスクに備えてコンティンジェンシー予備を見積る。コンティンジェンシー予備とは、プロジェクトで設定できる予備費用の1つ

まとめ

- 振れ幅、正確さ、精密さ、信頼度は、見積りに影響を与える
- 見積りでの正確さと精密さは異なる要素である
- 予測型、適応型など、開発アプローチによって利用しやすい見積りがある

Chapter 4　PMBOK第7版　8つのパフォーマンス領域：計画

48　見積技法

Sec.47で解説した6種類の見積りのうち、確率論的見積り、絶対的見積り、相対的見積りにおいて、利用しやすい見積技法を紹介します。ここで解説する見積技法は、みなさんのプロジェクトでも利用しているのではないでしょうか。

● 確率論的見積りと絶対的見積りで利用しやすい見積技法

確率論的見積りには、三点見積りが利用できます。一方、**絶対的見積りには類推見積り、パラメトリック見積り、ボトムアップ見積りが利用できます**。

以下の表は、これらの見積技法の特徴をまとめたものです。みなさんの会社のプロジェクトでは、このうち1つだけを利用するのではなく、おそらくは**複数の見積技法を組み合わせることで、見積りの精度を高めている**のではないでしょうか。

■ 確率論的見積りと絶対的見積りで利用しやすい見積技法の特徴

見積技法	特徴
三点見積り	所要期間や開発費について、想定をオーバーした最悪のケース＝悲観値、想定通りのケース＝最可能値、想定よりも低くおさえたケース＝楽観値を特定して、加重平均値などを算出する見積技法。加重平均は以下の計算で求められる 加重平均値＝（1×楽観値＋4×最可能値＋1×悲観値）÷6
類推見積り	過去のデータや、今までの自身の経験を使用する見積技法。過去に多くの経験をしている場合は、見積りの精度が高くなる
パラメトリック見積り	掛け算を使用する見積技法。たとえば、1mのケーブルの設置に1時間を要する場合、2mのケーブルを設置するのに要する時間を2時間と見積る
ボトムアップ見積り	下位レベルの構成要素単位の見積りを集計する見積技法

● 相対的見積りで利用しやすい見積技法

プランニングポーカーは、相対的見積りで利用できる見積技法です。まず、各メンバーにSP（ストーリーポイント：規模感を示す数値）が書かれたカードを数枚渡します。次に、プロジェクトマネジャーが会議のファシリテーター役となり、ユーザーストーリーに記載された要求事項を読み上げます。それを聞いたメンバーは、その要求事項に見合うと考えるSPが書かれたカードを同時に提示します。たとえば、メンバー4人の場合、3人がSP＝3のカードを、1人がSP＝5のカードを提示した場合、リスクを考慮してSPが大きいSP＝5のカードが選ばれます。一方、3人がSP＝3のカードを、1人が大きく異なるSP＝13のカードを提示した場合、全員で話し合います。

また、相対的見積りでは、**Tシャツサイジング**という見積技法も使われます。これは、Tシャツのサイズを使って規模感を示し、各ユーザーストーリーをチーム内で確認し、話し合いをしながら分類する方法です。ユーザーストーリーは、誰でも理解できる形で記述した機能のことです。

■ Tシャツサイジングのイメージ

S	M	L	XL	XXL
ユーザーストーリー E	ユーザーストーリー A	ユーザーストーリー C	ユーザーストーリー D	ユーザーストーリー F
	ユーザーストーリー B	ユーザーストーリー G		

難度が低い場合は、標準よりサイズが小さくなる　←　**標準**　→　難度が高い場合は、標準よりサイズが大きくなる

まとめ

- 確率論的見積りでは、三点見積りが利用できる
- 見積りの精度を高めるためには、いくつかの見積技法を利用する
- 相対的見積りは、プランニングポーカーやTシャツサイジングを利用できる

49 スケジュール

「スケジュール」も計画に影響を与える要因の1つです。PMBOK Guideでは、予測型アプローチとアジャイル型アプローチにおける、それぞれのスケジュールの作成方法について解説しています。

● 予測型アプローチでのスケジュールの作り方

　予測型アプローチを使用する場合、最初にワークパッケージがもととなります。ワークパッケージとは、約40〜80時間で完了するアクティビティの集合体です。ステークホルダーの要件事項をもとに成果物を定義したあと、ワークパッケージを明確にします。予測型アプローチによるスケジュール作成は、プロジェクトマネジメントにおいて一般的な方法であるため、比較的理解しやすいでしょう。

予測型アプローチによるスケジュールの作成は、5つのステップがあります。

- **ステップ1**：スコープ（ワークパッケージ）を特定のアクティビティとして要素分解する
- **ステップ2**：関連するアクティビティの順序を設定する
- **ステップ3**：アクティビティを完了するために必要な作業工数、所要期間、人員、物的資源を見積る
- **ステップ4**：利用できる資源にもとづいて、アクティビティに人員と物的資源を割り当てる
- **ステップ5**：スケジュールが合意されるまで、順序、見積り、および資源を調整する

　上記のうち、ステップ3はSec.47〜48で解説した見積りを利用します。なお、ステップ2の順序の設定についてはP.129〜130で、ステップ5の調整についてはP.131で解説します。

アクティビティの順序を設定する

　ステップ2のアクティビティの順序を設定するためには、各アクティビティ間の関連性（依存関係）を考える必要があります。たとえば、ある成果物を開発したあとにテストを行うとします。この場合、作業順序は「開発」から「テスト」となります。このような作業順序を検討するのが**依存関係**です。依存関係には以下の4つの種類があります。

- **強制依存**：作業の性質上、内在する依存関係（例：設計のあとに構築する）
- **任意依存**：過去のベストプラクティスの知識にもとづいている依存関係
  （例：作業を開始する前にアドバイスが必要）
- **外部依存**：プロジェクトチームの管理外との依存関係（例：建設工事前に政府公聴会に出席する必要がある）
- **内部依存**：プロジェクトチームの管理内での依存関係

　また、アクティビティの順序に影響を与える要因として、**リードとラグ**があります。リードとは、2つのアクティビティを部分的に同時並行で行う関係のことです。ラグとは、あるアクティビティを完了したあと、数日期間を空けてから、次のアクティビティを開始するという関係のことです。
　リードにおいては、同時並行で行った場合でもリスクがないのが特徴です。なお、ラグの数日空いている期間は、資源を適用できません。

■ リードとラグ

・リード：後続アクティビティの迅速化（10日間のリード）

・ラグ：後続アクティビティの遅延（10日間のラグ）

● アクティビティの順序を可視化する

アクティビティの依存関係やリードとラグについて検討する際、アクティビティの関係性を図示することも必要です。その際に利用するのが**プレシデンスダイアグラム法**です。

プレシデンスダイアグラム法とは、四角形でアクティビティを示し、矢印でアクティビティの関係性を図示することで、スケジュールネットワーク図を作成する方法です。原則は、前のアクティビティが終了したあと、次のアクティビティを行うという開始－終了関係（FS関係）で示されますが、2つのアクティビティを同時に開始するSS関係、2つのアクティビティを同時に終了させるFF関係、アクティビティを途切れないように連続して進めるSF関係も示すことができます。

なお、プレシデンスダイアグラム法で図示したスケジュールをワークパッケージごとに作成し、各ワークパッケージのスケジュールを統合することで、プロジェクト全体のスケジュールを作成できます。

■ プレシデンスダイアグラム法のイメージ

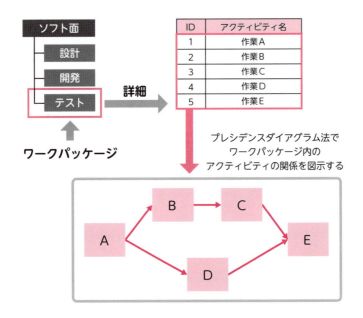

● スケジュールを調整する

各アクティビティに資源が割り当てられたあと、順序、見積り、および資源を整理し、すべてのアクティビティが納期までに完了するようにスケジュールを調整する必要があります。

その際に重要なのは、まずリードが可能なアクティビティを探すことです。この理由は、そのようなアクティビティであれば、リードによって並行して進行させても、作業の手戻りなどのリスクがないからです。

しかし、リード可能なアクティビティがない場合は、ある程度リスクを考慮したうえで、**クラッシング**や**ファストトラッキング**などの手法を活用します。これらの手法を利用することで、**すべてのアクティビティが納期までに終了するプロジェクトスケジュールの調整が可能**になります。

みなさんが管理しているプロジェクトでも、これらの手法を活用してスケジュールを調整する機会があるのではないでしょうか。

■ スケジュール短縮で利用できる手段

名称	特徴
クラッシング	クリティカル・パス上のアクティビティに追加資源を投入する方法。クリティカル・パスとは、アクティビティの最長経路のこと アクティビティに追加資源を投入するが、確実にスケジュールを短縮できる保証はなく、資源を増加させることによるコスト増加が懸念される
ファストトラッキング	本来は順序立てて実施する作業であるが、無理に2つのアクティビティを同時に行う方法。そのため、作業上の手戻りが懸念される

■ クラッシングとファストトラッキングのイメージ

クラッシング

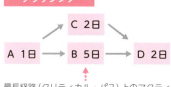

最長経路(クリティカル・パス)上のアクティビティBに追加資源を投入することで所要期間を短縮し、全体のスケジュールを短縮する

ファストトラッキング

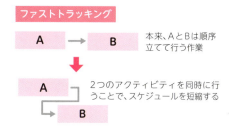

本来、AとBは順序立てて行う作業

2つのアクティビティを同時に行うことで、スケジュールを短縮する

● アジャイル型アプローチでのスケジュールの作り方

　アジャイル型アプローチでは、プロダクトバックログに記述された優先順位が高いユーザーストーリーで表現されたプロダクトバックログアイテムを参考に、約3～6カ月で実施できる**リリース計画**を考えます。

　そして、リリース計画は2つ以上のイテレーションの集合体であり、各イテレーションでインクリメントという増分（成果物）を開発することにより、1回のリリースを達成します。

　さらに、各イテレーションを実行するためには、**各イテレーション計画**でイテレーションバックログを作成する必要があります。イテレーションバックログでは、該当イテレーションで実行すべきタスクを特定できます。

■ アジャイル型アプローチの構造

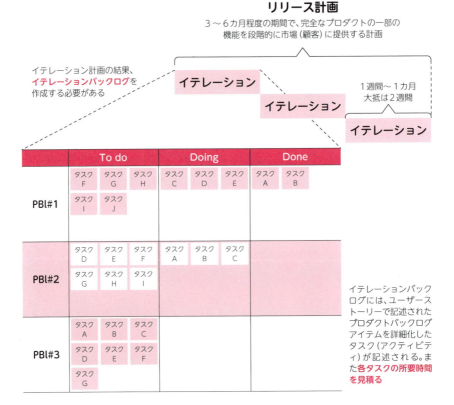

● リリース計画とイテレーション計画

リリース計画では、リリースの完了に必要なイテレーションの数、リリースに含まれる機能、リリースの目標期日を特定します。また、要求をベースにした機能一覧であるプロダクトバックログが顧客の要求の変更によって更新された場合、リリース計画も更新される場合があります。

イテレーション計画では、タスクを特定してイテレーションバックログを作成します。タスクを特定した段階で、イテレーションバックログにはすべてのタスクは「To do」に記載されます。また、各タスクを進めると、該当タスクが「Doing」に移動し、タスクが完了すると「Done」へと移動します。そのため、イテレーションバックログを確認することで、仕掛り中（Work In Progress）や未完了のタスクを特定できます。また、アジャイル型アプローチでは、このイテレーションバックログがプロジェクトスケジュールとなります。

■ リリース計画とイテレーション計画

項目	内容
リリース計画	・リリースの完了に必要なイテレーションの数、リリースに含まれる機能、リリースの目標期日を特定 ・プロダクトバックログが更新された場合、リリース計画も更新される場合がある
イテレーション計画	・仕掛り中のタスクや未完了のタスクを特定することが可能 ・イテレーションバックログがプロジェクトスケジュールとなる

まとめ

- スケジュールの作成方法には、予測型アプローチの5つのステップがある
- アクティビティの順番を決める場合は、依存関係、リードとラグ、プレシデンスダイアグラム法を利用する
- アジャイル型アプローチでのスケジュールは、イテレーションとリリースにもとづいている

Chapter 4　PMBOK第7版　8つのパフォーマンス領域：計画

50 予算

計画に影響を与える要因の1つに「予算」があります。予算は、各アクティビティのコスト見積りを集約することで特定できます。ここでは、予算がどのように設定されるかを解説します。

● プロジェクト予算とは

　プロジェクトの各アクティビティのコスト見積りを集約することで、完成時総予算（Budget At Completion）を算出できます。**完成時総予算とは、プロジェクトのすべての作業を実施するために確定された予算を合計した、総開発費用のこと**です。また、完成時総予算には、コンティンジェンシー予備を含める必要があります。**コンティンジェンシー予備とは、特定のリスクに対応するための予備費用で、発生量が未知の特定したリスクについても利用されます**。コンティンジェンシー予備は、過去の経験にもとづいて、ある程度のマイナス事象をイメージできたときに特定できるため、詳細なリスクの特定時に必ず設定されるというわけではありません。また、**プロジェクトマネジャーが完成時総予算を承認することで、コストベースラインが設定されます**。以下の図で、関係性を確認しましょう。

■ プロジェクト総予算の内訳

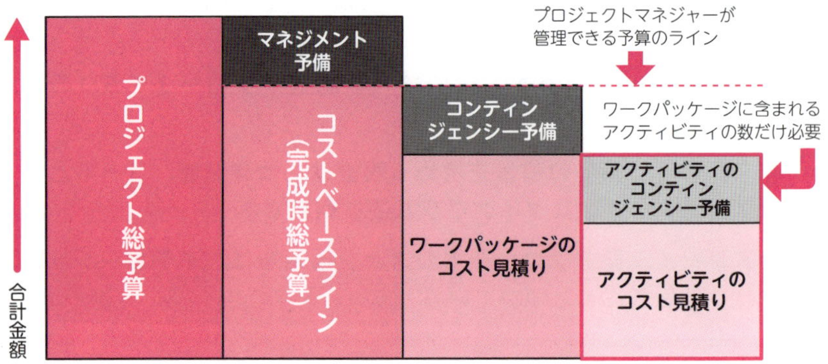

プロジェクト総予算				
	コストベースライン（完成時総予算）			
		マネジメント予備		
			コンティンジェンシー予備	
			ワークパッケージのコスト見積り	アクティビティのコンティンジェンシー予備
				アクティビティのコスト見積り

プロジェクトマネジャーが管理できる予算のライン

ワークパッケージに含まれるアクティビティの数だけ必要

● コンティンジェンシー予備とマネジメント予備

プロジェクトマネジャーが管理できる予算の範囲は、コンティンジェンシー予備を含めたコストベースラインまでです。プロジェクトマネジメントにおける**予備費用は、コンティンジェンシー予備のほかにマネジメント予備があります**。

マネジメント予備とは、特定できないリスクに対する予備費用です。これはプロジェクトマネジャーが管理できる予算ではなく、スポンサーが管理する費用です。そのため、プロジェクトマネジャーの単独決済では利用できません。仮に、プロジェクトにおいて予期しない作業が発生し、その作業に対してマネジメント予備を利用する場合は、コストベースラインに追加できるように、スポンサーの承認を得る必要があります。

■ コンティンジェンシー予備とマネジメント予備の違い

項目	内容
コンティンジェンシー予備	特定できたリスクに対する予備費用。コストベースラインに含むため、プロジェクトマネジャーが管理できる
マネジメント予備	特定できないリスクに対する予備費用であり、プロジェクト総予算に含む。コストベースラインに含まれないため、プロジェクトマネジャーではなく、スポンサーが管理する。このためプロジェクトマネジャーの単独決済では利用できず、必要な場合はコストベースラインを更新する

まとめ

- コストベースラインにはコンティンジェンシー予備を含む
- 予備費用は、コンティンジェンシー予備とマネジメント予備の2つがある
- コンティンジェンシー予備はプロジェクトマネジャーが管理し、マネジメント予備はスポンサーが管理する

51 そのほか、計画に関する要素

これまで「計画に影響を与える要因」として、スケジュール、コスト、予算などについて説明しました。そのほか、プロジェクトを進めるためにはどのような計画が必要なのでしょうか。

● 人に関わる計画

プロジェクトを成功させるためには、詳細な計画が必要となることがあります。たとえば、多数のメンバーが関与するプロジェクトでは、メンバーのマネジメントに関する計画が必要になるでしょう。また、**ステークホルダーからの仕様変更が頻繁に起こるプロジェクトでは、事前に問題解決のフローを設定することが求められる**かもしれません。

それでは、プロジェクトを推進するためにはどのような計画が必要とされるのでしょうか。以下の表は、主に人に関わる計画についてまとめたものです。

■ 人に関わる計画

計画の種類	内容
プロジェクトチームの編成と構造	プロジェクト作業を進めるために必要なスキル、各メンバーに求める熟練度や経験年数を特定し、評価する方法や、一部の作業をベンダーに依頼することによって得られるベネフィット、各メンバーの作業場所によって変化するマネジメント方法を検討し、計画を立てる
コミュニケーション	コミュニケーションの計画は、ステークホルダーと効果的に関わるために必要。誰が情報を必要としているのか、どのような情報を必要とするのか、なぜステークホルダーと情報を共有するのか、情報を提供する最善の方法は何か、どのくらいの頻度で情報を提供するのか、誰が必要な情報を持っているのかなどを検討し、計画を立てる

そのほかのマネジメントの側面で必要な計画

マネジメントにおけるそのほかの側面で、どんな計画を考慮すべきでしょうか。ここで、4つの主要な計画を紹介します。みなさんが現在進行中のプロジェクトでも、これらの計画を検討する必要があるかもしれません。

■ そのほかのマネジメントの側面で必要な計画

計画の種類	内容
物的資源	資材、機器、ソフトウェア、テスト環境、ライセンスなどの物的資源の管理方法を検討する。たとえば、開発現場に資材が到着してからプロダクト納入までの資材の在庫を追跡する方法を計画する
調達	調達プロセスを円滑に進めるために必要な計画。社内で開発される成果物やサービス、外部から購入される成果物やサービスの特定も含む
変更	変更管理プロセス、アジャイル型アプローチであればプロダクトバックログを更新する方法、ベースラインの再設定など変更を計画に適応させるプロセスを準備する
メトリックス	作業のパフォーマンスや開発した成果物が期待通りであるかを測定する基準を明確にする

PMBOK Guideには、パフォーマンスを計画することがステークホルダーのニーズに合致することを意味するために、計画活動とその活動において作成する文書などは、プロジェクト期間を通じて常に統合しておく必要があると解説しています。ただし、**小規模なプロジェクトでは、詳細な計画書を作成することは非効率的である**ため、その点のバランスを取ることも必要です。

まとめ

- プロジェクトを進めるためには、さまざまな細かい計画が必要である
- コミュニケーションの計画は、ステークホルダーと効果的に関わるために必要である
- 小規模なプロジェクトでは、詳細な計画書を作成することは非効率的である

52 パフォーマンス領域5：プロジェクト作業

Chapter 4　PMBOK第7版　8つのパフォーマンス領域：プロジェクト作業

プロジェクト作業パフォーマンス領域とは、顧客などステークホルダーの期待に応えるために、適切にプロジェクト作業を進めるための領域です。適切な作業プロセスを確立し、改善することが求められます。

● プロジェクト作業パフォーマンス領域とは

　プロジェクト作業パフォーマンス領域においては、特定のプロジェクト作業を行うことで、チームが期待される成果を達成できることが示されています。これは、プロジェクト作業を推進し、顧客などステークホルダーの期待に応えるためには、適切な作業プロセスと、それを改善できる学習環境を確立する必要があるということです。そして、プロジェクトで扱う物的資源や協働するベンダーのマネジメントも必要であることを意味しています。

　以下は、PMBOK Guideで示している、特定のプロジェクト作業の一部です。

- 現在の作業の流れ、新しい作業の流れ、作業の変更をマネジメントする
- チームが作業に注力し続けるようにする
- 効率的なプロジェクトのシステムとプロセスを確立する
- 資材や設備などの物的資源をマネジメントする
- ベンダーなどと協力して調達と契約を計画し、マネジメントする
- プロジェクトに影響を与えうる変更を監視する
- プロジェクトの学習と知識の伝達を可能にする

● プロジェクト・プロセスとは

プロジェクトにおいては、**テーラリング（Sec.21参照）を利用して、チームが作業を行うために利用するプロセスを確立**します。プロジェクトの進行が適切であるのかという点や、遅延などの要因となるボトルネックの有無を定期的にレビューすることが必要です。

以下の表は、プロジェクト期間中に作業プロセスを最適にするための方法をまとめたものです。

■ 作業プロセスを改善する方法

手法	内容
リーン生産方式	リーン生産方式とは、無駄がない、スリムな生産管理の考え方。付加価値がある活動とない活動の比率を測定するため、バリュー・ストリーム・マップを利用して分析・改善する バリュー・ストリーム・マップとは、成果物を開発するために必要な情報やモノの流れを文書化したもの
レトロスペクティブまたは教訓	レトロスペクティブなどの会議を利用し、作業方法をレビューして、プロセスと効率を改善するための変更を検討する レトロスペクティブとは、アジャイル型開発のイテレーションの中で開催する、プロジェクトを振り返るための会議

まとめ

- プロジェクト作業パフォーマンス領域では、適切な作業プロセスを確立し、改善することが求められる
- 作業プロセスを改善するためには、リーン生産方式やレトロスペクティブなどを利用する
- バリュー・ストリーム・マップとは、成果物を開発するために必要な情報やモノの流れを文書化したもので、プロセス改善で利用できる

Chapter 4　PMBOK第7版　8つのパフォーマンス領域：プロジェクト作業

53 プロジェクト作業を進めるための考慮事項

プロジェクトを進めるにあたり、「プロジェクトの3大制約条件」のバランスを取ることが必要ですが、制約条件の重要性は開発アプローチによって異なります。また、進捗の評価のほか、メンバーの満足度やモチベーションの維持も重要です。

● 作業を進めるために制約条件のバランスを取る

プロジェクトを進めるためには、制約条件のバランスを取ることが重要です。**制約条件とは、チームの動きを制限する条件**です。一般的には、「どのようなものを、いつまでに、いくらで作るのか」という条件が挙げられます。「どのようなものを」はスコープ、「いつまでに」はスケジュール、「いくらで」はコストとなります。この3つは、「プロジェクトの3大制約条件」と呼ばれます。

これらの制約条件は、プロジェクトで採用される開発アプローチによって、その重要性が異なります。予測型アプローチでは、3大制約条件が重視されます。しかし、アジャイル型アプローチでは、「スケジュール」と「コスト」が重視されます。なお、これらの条件には、法律遵守や組織の品質方針などのコンプライアンス要素が含まれることもあります。

また、制約条件の重要性は、プロジェクトの進行に伴って変更される場合があります。たとえば、顧客からの新たな要求により、スケジュールや予算が拡大することもあります。そのため、**プロジェクト期間を通じて制約条件のバランスを取り続けることは、必要なアクション**となります。

■ 制約条件のイメージ

代表的な制約条件は、スコープ、スケジュール、コストだが、利用する開発アプローチによって重視する条件が変わる。また、コンプライアンスに関わるものを含む

🔴 そのほか、作業を進めるために必要なこと

プロジェクト作業を進めるにあたり、プロジェクトの進捗を評価するだけでなく、メンバーが自身の作業に対する満足度とモチベーションを維持することも重要です。これにより、**プロジェクトのゴールに対し、チームの健全さ、満足度を維持する**ことが可能となります。

プロジェクト期間を通じて、**各ステークホルダーとのコミュニケーションを活用し、彼らのエンゲージメントを維持する**ことは必須のアクションです。各ステークホルダーの情報ニーズを捉え、それにもとづいてコミュニケーション計画書を作成します。しかし、ステークホルダーからの急なコミュニケーション依頼がある場合、たとえば情報提供やプレゼンテーションの要請などがあった場合は、コミュニケーション計画書を更新し、エンゲージメントのマネジメント方法を見直すことも必要となるでしょう。

さらに、建設系のプロジェクトなどで、サプライヤーやベンダーなどの第三者から資材や物品を調達する場合、物的資源の計画、発注、輸送、保管、追跡、コントロールには多くの時間と作業工数が必要となることがあります。その場合は、**物的資源を効果的に活用する**ことで、プロジェクト内でのスクラップや廃棄物の発生を最小限におさえ、安全な作業環境の促進が可能となります。

✏️ まとめ

- 制約条件とは、チームの動きを制限する条件のこと
- プロジェクト期間を通して制約条件のバランスを取り続けることは必要なアクションである
- プロジェクト作業を進めるためには、ステークホルダーのエンゲージメントとゴールに対するチームの健全さ、満足度を維持し、物的資源を上手に利用する必要がある

Chapter 4　PMBOK第7版　8つのパフォーマンス領域：プロジェクト作業

54　調達プロセスと変更の対処

プロジェクトの規模によりますが、すべての作業を内製のみで進めることは滅多にありません。一部の作業を委託する場合は、調達プロセスが必要になります。また、プロジェクトで発生してしまう変更の対処についても確認します。

● 調達プロセスとは

　プロジェクトの規模によりますが、多くのプロジェクトでは何らかの形で契約や調達が行われます。プロジェクトでは母体組織の協力を得ながら、資材、設備、物品、ソリューション、人員、サービスを獲得する必要があります。
　それでは、調達はどのような手順で進めるのでしょうか。以下は、ベンダーとの契約に至るまでのプロセスです。

■ 契約に至るまでの流れ

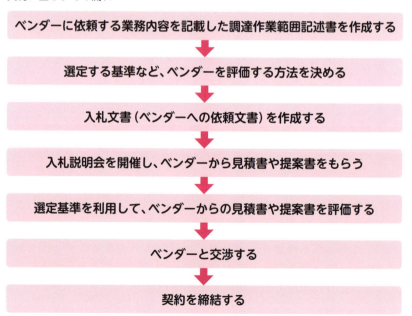

入札文書の種類

　PMBOK Guideでは、調達作業範囲記述書を作成し、ベンダーに委託する作業を明確にしたら、入札文書を作成し、入札説明会を開催して、入札者を選定する、という順序で入札プロセスを進めるとしています。

　作成する**入札文書は、情報提供依頼書、提案依頼書、見積依頼書、入札招請書などの種類があります**。入札文書が配布されると、通常、購入者は入札説明会を開催し、入札者の質問に答え、入札者に明確な情報を提供します。

　また、経験、推薦、価格、納期などのいくつかの選定基準にもとづいて、最良のベンダーを選択することを発注先選定と呼び、ベンダーが提出した見積書や提案書などのプロポーザルを評価します。そのあと、購入者はベンダーと交渉をすることになります。交渉の対象になるのはコストをはじめ、納期、支払い期日、作業場所、知的財産権など、調達に関するほぼすべての項目です。

■ 入札文書の種類

名称	内容
情報提供依頼書（RFI）	購入者がベンダーから、各種事業への参画能力についての情報を収集するための文書。納入候補者リストを絞り込むために使用されたり、正式な依頼を開始する前に、さらなる情報を求めたりするときに使用する
提案依頼書（RFP）	購入者が発行する、必要な作業範囲を記述した文書
見積依頼書（RFQ）	価格が主な決定要因であるときに作成する文書
入札招請書（IFB）	調達プロセスの次のステップに特段の関心を示すベンダーを判断するために、幅広い納入候補者に送られ、公表され、ベンダーに調達に入札するよう求める文書

※入札招請書はPMBOK Guideには記載されていない

情報提供依頼書（RFI）

提案依頼書（RFP）

見積依頼書（RFQ）

入札招請書
（PMBOK Guideで記載なし）

143

● 契約形態の種類

　ベンダーとの交渉が終わり、購入者とベンダーの双方が合意したあと、契約を締結します。締結後、ベンダーが明確になると、ベンダーの作業日程やリスクなどを含めてプロジェクトマネジメント計画書が更新されます。

　契約形態には、定額契約、実費償還契約、タイムアンドマテリアル契約などの種類があります。これらは欧米型の契約形態であり、日本の契約形態である請負契約や準委任契約などではありません。

　ただし、日本の契約形態に近い一面もあります。たとえば、定額契約は請負契約に、実費償還契約は準委任契約に近いといえます。また、タイムアンドマテリアル契約は、要員補強という点で派遣契約に近いといえるでしょう。

　以下の表は、ベンダーとの契約形態についてまとめたものです。

■ ベンダーとの契約形態の種類

契約形態	内容
定額契約	定義されたプロダクト、サービス、所産に対して一定の総額を決める。要求事項が十分に定義されていて、スコープの大幅な変更はないと予想される場合に適している形態
実費償還契約	スコープが明確でなく、アジャイル型アプローチなどスコープ変更が予想されるプロジェクトに適している形態
タイムアンドマテリアル契約（T&M契約）	定額契約と実費償還契約の特徴を組み合わせたハイブリッドタイプの契約形態。正確な作業範囲記述書を短期間でまとめることができない場合の要員補強、専門家の調達、外部からの支援に利用される
そのほかの契約形態	上記以外の契約形態としては、覚書、サービス・レベル・アグリーメント（SLA）、特定の業務について事前に取り決める業務委託基本契約書などがある

変更の対処

プロジェクトにおいては、どのような開発アプローチを利用しても変更は発生します。PMBOK Guideでは、**変更の対処は適応型と予測型に分けて**説明されています。

以下の表は、適応型と予測型の概要をまとめたものです。表中の「プロダクトオーナー」とは、顧客から要求を引き出し、顧客の立場に近く、プロダクトバックログに責任を持つ社内のステークホルダーのことです。

■ 適応型と予測型の変更の対処

項目	内容
適応型 （主にアジャイル型）	・必要に応じて新しい作業がプロダクトバックログに追加されるため、プロジェクトマネジャーはプロダクトオーナーと協力して、スコープの追加、予算への影響、メンバーの稼働をマネジメントする ・優先度の高いプロダクトバックログアイテムが完了するように、プロダクトオーナーは常にプロジェクトバックログの優先順位を付ける ・スケジュールと予算に制約がある場合、プロダクトオーナーはプロダクトバックログの最優先項目が提供された時点でプロジェクトが完了したと見なすことがある
予測型	・作業の変更を積極的にマネジメントし、承認済みの変更だけがスコープベースラインに含まれるようにする ・プロジェクトマネジャーは変更管理プロセスを通して適切に変更に対処し、承認された変更は計画書に統合され、ステークホルダーに伝達する

まとめ

- 入札文書の種類には、情報提供依頼書、提案依頼書、見積依頼書、入札招請書などがある
- 契約形態の種類には、定額契約、実費償還契約、タイムアンドマテリアル契約などがある
- 変更の対処には、適応型と予測型がある

Chapter 4 PMBOK第7版 8つのパフォーマンス領域:プロジェクト作業

55 プロジェクト期間を通じた学習

チームのパフォーマンスレベルを高めて、プロジェクト作業を進めるためには、プロジェクト期間を通じた学習を利用して、各メンバーが持つノウハウなどの知識をチーム全体で共有することも必要です。

● 知識マネジメントとは

　プロジェクトを進めるうえで、特定の作業をより迅速に完了するためのノウハウをチーム全体で共有することは、プロジェクトの成果向上に寄与します。経験が豊富なメンバーは、そのようなノウハウをたくさん持っていることでしょう。それらの知識を共有することで、同じ間違いの繰り返しを防ぎ、さらにチーム全体の能力を高められます。これを**知識マネジメント**といいます。

　知識マネジメントを行う際に参考になるフレームワークとして、**SECIモデル**(セキモデル)があります。以下の図は、SECIモデルの構造をまとめたものです。「SECI」は各段階の名称の頭文字から取ったものです。

■ SECIモデルの構造

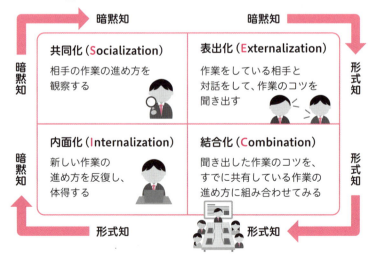

形式知と暗黙知

SECIモデルを利用すると、メンバーの持つノウハウなどの知識を共有できます。前ページの図には、暗黙知と形式知の2つの知識形態が示されています。**形式知**とはマニュアル、登録簿、ウェブ検索、データベースなど、人々と情報をつなげる情報管理ツールを使用して配布できる知識です。これは**文章にすることが比較的容易**です。一方、**暗黙知**は経験、洞察、および実践的な知識やスキルで構成され、「知識を必要とする人」と「知識を持つ人」をつなぐことで共有できます。ただし、**文章化はできません**。

また、SECIモデルのポイントは**共同化**と**表出化**です。この2つのプロセスによって、業務を進めるうえでの重要なコツを熟達者から引き出せます。なお、共同化と表出化を進めるためには、熟達者との良好な人間関係の構築が必要です。たとえば、**インタビューやディスカッション・フォーラム、ワークショップなどを通じることで、情報共有が可能**になります。

■ 暗黙知を共有する方法

「共同化」と「表出化」により
業務を進めるうえで重要な暗黙知を引き出すことができる

暗黙知を引き出すためには…

・熟達者と良好な人間関係を構築する
・インタビューやディスカッション・フォーラム、ワークショップなどを利用する

まとめ

- 形式知とは、文章にすることが比較的容易な知識のこと
- 暗黙知とは、知識を必要とする人と知識を持つ人をつなぐことで共有できる、文章化できない知識のこと
- 暗黙知を共有するには、熟達者との良好な人間関係を構築して、インタビューなどを利用する

Chapter 4　PMBOK第7版　8つのパフォーマンス領域：デリバリー

56 パフォーマンス領域6：デリバリー

デリバリーパフォーマンス領域とは、主に成果物と品質に関わる領域です。プロジェクトチームはステークホルダーから要求事項を引き出し、成果物を定義して、完了の基準を決め、妥当な品質を検討します。

● デリバリーパフォーマンス領域とは

デリバリーパフォーマンス領域では、プロジェクトが達成を目指したスコープと品質の提供に関連する活動を扱います。目指す成果を生み出す成果物を開発するために、要求事項、スコープ、品質への期待を満たすことに重点が置かれます。

プロジェクトでは、新しいプロダクトやサービスの開発、問題の解決、フィーチャーの修正などによって、価値を実現します。また、複数の成果を提供する場合もあるため、ステークホルダーは異なる価値を得ることもあります。たとえば、あるグループが成果物の使いやすさに価値を感じ、別のグループは得られた収益や他社との差別化を価値として感じる場合があります。

また、価値の実現はプロジェクトで利用する開発アプローチによっても変化します。適応型アプローチであれば、プロジェクト期間に複数回にわたり、定期的に価値を提供します。予測型アプローチであれば、プロジェクトの終了時に成果物のひとかたまりを提供して、価値を生み出します。

■ デリバリーパフォーマンス領域のイメージ

● 要求事項の引出し

プロジェクトにおいて成果物を開発するためには、要求事項の特定が必要です。要求事項とは、PMBOK Guideでは**ビジネスニーズを満たすために、プロダクト、サービス、所産が備えるべき条件や能力**と定義されています。また、要求事項は、**明確さ、簡潔さ、要求事項が満たされていることを検証できること、一貫性、完全性、追跡可能性が担保されていることが必要**です。

以下の表は、要求事項を引き出す技法の一部をまとめたものです。これらの技法を利用して要求事項を引き出しても、要求事項が変化することはあるので、**プロジェクト期間を通したマネジメントが必要**です。

■ 要求事項を引き出す技法

技法	内容
文書分析	営業部門から提供される顧客資料やマーケティング資料などから、要求事項を特定する
フォーカスグループ	特定分野の専門家へのインタビューのこと。専門家との会議を通じて、要求事項を特定する
ファシリテーション技法	会議において意見を拡散し、得られた意見をまとめて合意形成する
プロトタイプ	プロトタイプ（試作品）を見せて、会議を通じて要求事項を特定する

まとめ

- 要求事項とは、プロダクト、サービス、所産が備えるべき条件や能力のこと
- 要求事項は、明確さ、簡潔さ、検証可能であること、一貫性、完全性、追跡可能性が担保されていることが必要である
- 要求事項は変化することがあるので、プロジェクト期間を通してマネジメントすることが必要である

Chapter 4　PMBOK第7版　8つのパフォーマンス領域：デリバリー

57 スコープ定義

各ステークホルダーから要求事項を引き出したら、それをもとにして、プロジェクトスコープ記述書やWBSを作成します。WBSとは、ワークパッケージまで特定する作業分解構成図です。

● プロジェクトスコープ記述書の作成

　各ステークホルダーからの要求事項を引き出したあと、それらをもとに「プロジェクトで実施すること」と「開発するもの」を考える必要があります。ここでいう**「プロジェクトで実施すること」をプロジェクトスコープ、「開発するもの」をプロダクトスコープといいます**。基本的にはプロジェクトスコープを実現することで、プロダクトスコープが完成します。

　プロジェクトの納期や開発費などの制約条件を考えると、プロジェクトですべての要求事項を実現するのは困難かもしれません。その場合は、制約条件をもとに妥協案を考えることも必要です。

　以上のように、**プロジェクトで実現することを定義して作られる文書をプロジェクトスコープ記述書 (Project Scope Statement) といいます**。原則として、プロジェクトスコープ記述書には以下の図にある4点を明記します。また、プロジェクトスコープ記述書を作成したあとで、WBS（次ページ参照）を作成するのが一般的です。

■ プロジェクトスコープ記述書のイメージ

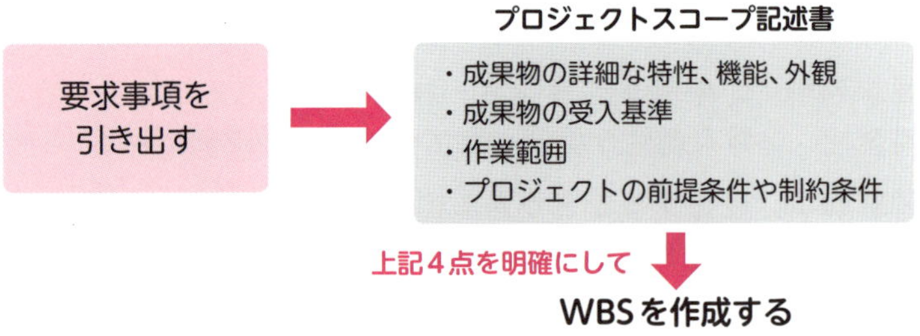

要求事項を引き出す　→　**プロジェクトスコープ記述書**
・成果物の詳細な特性、機能、外観
・成果物の受入基準
・作業範囲
・プロジェクトの前提条件や制約条件

上記4点を明確にして
WBSを作成する

WBSの作成

プロジェクトスコープ記述書で定義した成果物をもとに作成する作業分解構成図を **WBS（Work Breakdown Structure）** といいます。WBSは成果物を管理しやすいレベルまで細分化し、**最小の構成要素であるワークパッケージ（Work Package）を定義して作成**します。ここでいう**ワークパッケージとは、アクティビティよりもっと大きな作業項目のこと**であり、また、**アクティビティの集合体でもあり、一般的に1〜2週間程度で完了する作業項目**とされています。アクティビティとタスクは同義語です。なお、WBS辞書の記述項目は、作業内容、スケジュール、必要な資源などです。つまり、「WBSとは樹形図のような形で作成された作業項目の一覧である」と考えればよいでしょう。

■ WBSのイメージ

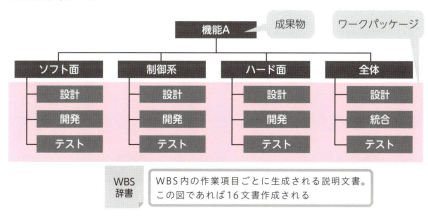

まとめ

- プロジェクトスコープ記述書とは、主要な成果物、受入基準、作業範囲を記述した文書のこと
- WBSとは、ワークパッケージまでを特定した作業分解構成図のこと
- ワークパッケージとは、アクティビティの集合体であり、一般的に1週間から2週間程度で完了する作業項目のこと

Chapter 4　PMBOK第7版　8つのパフォーマンス領域：デリバリー

58 ユーザーストーリーとエピック

アジャイル型アプローチにおけるワークパッケージ（作業を分割できる単位）には、ユーザーストーリーとエピックがあります。両者は粒度が異なり、ユーザーストーリーは粒度の細かい作業を指すのに対し、エピックは大規模な作業を指します。

● ユーザーストーリーとは

　アジャイル型アプローチを利用した場合、プロダクトオーナーは顧客などのプロジェクト依頼者から要求事項を引き出します。プロダクトオーナーはその要求事項をもとに、ユーザーストーリーで記述したプロダクトバックログアイテムの一覧表（プロダクトバックログ）を作成します。

　ユーザーストーリーとは、誰でもわかる形で記述した機能のことです（P.127参照）。たとえば、eラーニングサイトの構築であれば、「学習者が受講している各コースの進捗状況を確認できるようにしたい」という内容がユーザーストーリーに該当します。基本的に1回以下のイテレーションで完了できるレベルまで詳細化されており、約1〜2週間程度で完了する程度が理想です。つまり、**WBSのワークパッケージのレベルと、アジャイル型アプローチで特定するユーザーストーリーのレベルは同じぐらい**になります。

■ ユーザーストーリーのイメージ

プロダクトバックログ	ユーザーストーリーの例
ユーザーストーリーに記述したプロダクトバックログアイテムの一覧表	eラーニングサイトで学習者が受講している各コースの進捗状況を確認できるようにしたい

・1回以下のイテレーションで完了できるレベルまで詳細化
・約1〜2週間で完了する程度
・WBSのワークパッケージと同じ粒度

● エピックとは

アジャイル型アプローチでは、ユーザーストーリーのほか、エピックやフィーチャーという表現もあります。

エピックとは、PMBOK Guideでは「一群の要求事項を階層的に整理し、特定のビジネス成果を実現することを目的とした、大規模な関連する一連の作業」と定義されています。かんたんにいえば、**アジャイル開発で目指す大きな機能やテーマのこと**です。

前ページでユーザーストーリーの例を挙げましたが、この例でのエピックは「eラーニングサイトの構築」です。eラーニングサイトの構築には1つ1つのユーザーストーリーを実現する必要があり、実現するまでに数カ月かかる場合もあります。また、この場合のフィーチャーは「eラーニングサイトの管理機能」です。管理機能には各コースの進捗状況を確認できることも必要ですが、そのほかに各コースのアカウント管理も不可欠です。つまり、ユーザーストーリーを実現することで開発できるものがフィーチャーです。

■ エピック、フィーチャー、ユーザーストーリーの違い

粒度荒い ↑

エピック
例：eラーニングサイトの構築

フィーチャー
例：eラーニングサイトの管理機能

ユーザーストーリー
例：各コースのアカウント管理をタイムリーに行いたい
　　学習者が受講している各コースの進捗状況を確認できるようにしたい

↓ 細かい

まとめ

- ユーザーストーリーとは、誰でもわかる形で記述した機能のこと
- ユーザーストーリーとワークパッケージの粒度は同じ程度である
- エピックとは、プロジェクトで提供する成果物のこと

Chapter 4 PMBOK第7版 8つのパフォーマンス領域：デリバリー

59 成果物の完了

成果物の完了は、予測型アプローチとアジャイル型アプローチのどちらを採用したかによって異なります。また、適応型アプローチを利用した場合でも、より激しい環境の変化があると、完了の定義が変わります。

● 成果物の完了とは

　成果物を開発し、ステークホルダーへデリバリーする際は、プロジェクトを完了する方法を決める必要があります。その方法は、採用する開発アプローチによって異なります。

　プロジェクトで予測型アプローチを採用した場合、ステークホルダーは、**プロジェクトの開始時に設定されたプロジェクトスコープ記述書の受入基準にもとづいて成果物を評価**し、それを受け入れます。受入基準はプロジェクト期間中に変更されることもありますが、すべての要求事項が完了し、プロジェクトが完了したことを確認・承認します。

　一方、プロジェクトでアジャイル型アプローチを採用した場合は、イテレーションの終了時に、チームとステークホルダーが合意した**「完了の定義」**というチェックリストにもとづき、**成果物を評価**します。この**完了の定義は、プロジェクトの完了条件を表したチェックリストのこと**です。

■ 予測型アプローチとアジャイル型アプローチの完了

予測型アプローチ　　　　　アジャイル型アプローチ

受入基準にもとづき成果物を評価する　　　**完了の定義**というチェックリストにもとづき成果物を評価する

成果物　　　成果物

完了目標の変化

完了の定義について、PMBOK Guideでは「成果物が顧客に使用される準備ができているとみなされるために、満たす必要があるすべての基準を備えたチェックリスト」としています。つまり、アジャイル型アプローチは、このチェックリスト項目をすべて満たした場合に完了となります。

また、適応型アプローチは変化に柔軟に対応できますが、不確実性が高い開発アプローチです。したがって、急速に変化する環境でのプロジェクトでは、完了の定義が変わる可能性があります。たとえば、競合他社が新プロダクトを頻繁にリリースしている市場では、プロジェクトで開発しているフィーチャーも更新され、追加作業が求められる場合があります。このように、プロジェクトが進行するにつれて完了の定義が変わってしまう事象を**「Doneドリフト」**といいます。Doneドリフトでは作業期間が変わり、チームの生産性に影響を与える可能性もあるため、適切なチームマネジメントが必要です。

■ Doneドリフトのイメージ

まとめ

- 予測型アプローチでは、受入基準にもとづいて成果物を評価する
- アジャイル型アプローチでは、完了の定義にもとづいて成果物を評価する
- 完了の定義は、プロジェクト完了のため満たす必要があるすべての基準を備えたチェックリストである

Chapter 4　PMBOK第7版　8つのパフォーマンス領域：デリバリー

60　品質コストと変更コスト

デリバリーにおいてはスコープと要求事項も必要ですが、達成する必要があるパフォーマンスのレベルに重点を置く品質も必要です。ここでは品質コストに加えて、変更コストについて確認します。

● 品質とは

　これまで、主にスコープと要求事項について説明してきました。PMBOK Guideでは、「スコープと要求事項は、デリバリーする必要があるものに重点を置く。また品質は、達成する必要があるパフォーマンスのレベルに重点を置く」とされています。またSec.22で説明したように、品質とは「プロダクト、サービス、また所産の一群の特性が要求事項を満たしている度合い」のことです。適切にデリバリーをするためには、ステークホルダーのニーズを満たすパフォーマンスレベルを提供する必要があり、品質がそのレベルを示していることを意味しています。

　また、プロジェクトにおいて品質を担保するためには、母体組織の協力は欠かせません。さらに、作業プロセス、プロダクトの品質ニーズ、そのニーズを満たすためのコストとのバランスを取ることも必要です。つまり、**プロジェクトにおいてコストは有限な資源であるため、品質を担保するために効率的に利用することが必要**です。

■ デリバリーにおける品質

品質の定義
「作業プロセスとプロダクトの要求を満たす程度」

・ステークホルダーのニーズを満たすパフォーマンスレベルを
　提供することが必要であり、品質がそのレベルを示している

・品質を担保するためには、コストを効率的に利用する

予防コストと評価コスト

前ページで、品質を担保するためにコストを効率的に利用することが必要であると説明しました。この**品質に関わるコストを「品質コスト」といいます**。品質コストは「適合コスト」と「不適合コスト」に分類できます。

品質コストの1つである**適合コストは、開発した成果物に欠陥・不良が発生することを回避するためのコスト**です。このコストの例として、計画策定にかかるコストや、バグが発生することを見越して実施するテストにかかるコストなどがあります。

適合コストは以下の表のように、**「予防コスト」**と**「評価コスト」**に分類できます。多くのプロジェクトは適合コストの範囲内でプロダクトを管理します

■ 品質コストの分類

※不適合コストの詳細は次ページ参照

■ 適合コストの分類

名称	内容	例（一部）
予防コスト	高品質のプロダクトを構築するために、欠陥や不良の防止などの計画に利用されるコスト	・生産、検査などの計画策定 ・プログラムの開発、準備などのトレーニング
評価コスト	品質要求事項の適合度合いを判断するために、プロダクトの評価、測定、監査、テストに関連するコスト。また、仕様に適合していることを確実にするため、購入資材とサービスの評価にも関連する	・評価、テストなどの検証作業 ・プロダクトやサービスのサプライヤーの評価、承認

もう1つの不適合コストについては、次ページで詳しく解説します。

● 内部不良コストと外部不良コスト

品質コストの1つである**不適合コストは、欠陥や不良が発生したことによってプロジェクト期間中、もしくはそのあとに支出するコスト**です。以下の表のように、不適合コストは**内部不良コスト**と**外部不良コスト**に分類できます。

■ 不適合コストの分類

名称	内容	例（一部）
内部不良コスト	プロジェクト期間中に発生するコストであり、顧客がプロダクトを受領する前に欠陥を発見して修正することに関連する。作業結果が設計品質規格に達していないときにかかる	・修理ができない欠陥プロダクトの廃棄 ・欠陥の手直し
外部不良コスト	プロジェクト期間後に発生するコストであり、顧客がプロダクトを入手した後に発見された欠陥の修正に関連する。引き渡し日だけでなく、数カ月後または数年後に稼働しているプロダクトにも関連する	・瑕疵期間での保証作業 ・リコール ・損害賠償 ・ビジネスの逸失

PMBOK Guideでは、「開発するプロダクトやサービスを通して提供する価値を最適化するには、品質問題の早期発見に重点を置くことがよい投資になる」、と示しています。つまり、**品質を担保するためには、適合コストに含まれる予防コストに重点を置くのが得策**です。その理由は上記の表からもわかるように、プロジェクトの後半やプロジェクト完了後に品質に関する問題が発見された場合、プロジェクトだけではなく、組織全体に大きな影響を与える可能性があるためです。

また、外部不良コストはプロジェクト完了後に発生するコストです。このため、マネジメント予備やコンティンジェンシー予備などの予算（Sec.50参照）で対応することは、基本的にできません。

変更コストとは

　変更コストとは、欠陥や変更などの課題が発生した場合に、その状況に対処するコストのことです。以下の図を確認すると、プロジェクトが進んでいくにつれて、変更コストが高くなっていることがわかります。プロジェクトの後半で発生する課題はあらゆるところに影響を与える可能性があり、規模も大きくなります。それに対処するためには多くのステークホルダーの協力が必要になり、変更コストも高くなるのです。

　これは品質コストにおいても同様です。4つの品質コストうち、組織全体にもっとも大きな影響を与えるのは、プロジェクト期間後に発生する外部不良コストです。プロジェクトにおいては、なるべく内部不良コストや外部不良コストが発生しないようにマネジメントする必要があります。

■ 変更コストのイメージ

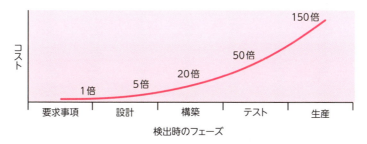

まとめ

- 適合コストとは、開発した成果物に欠陥や不良が発生することを回避するためのコストのこと
- 不適合コストとは、欠陥や不良が発生したことによってプロジェクト期間中、もしくはプロジェクト期間後に支出するコストのこと
- 品質を担保するためには、適合コストに含まれる予防コストに重点を置くのが得策である

61 パフォーマンス領域7：測定

Chapter 4　PMBOK第7版　8つのパフォーマンス領域：測定

測定パフォーマンス領域とは、プロジェクトが尺度どおりに進んでいることを評価する領域です。適切にプロジェクトのパフォーマンスを評価し、適切な対応を実施することを含みます。

● KPI（重要業績評価指標）とは

　測定パフォーマンス領域では、デリバリーパフォーマンス領域（Sec.56〜60参照）で実施された作業が、計画パフォーマンス領域（Sec.46〜51参照）で特定した尺度（メトリックス）をどの程度満たすのかという点を評価します。つまり、プロジェクトが尺度どおりに進んでいるかを評価します。尺度を使用する理由は、パフォーマンスと計画を比較することのほか、説明責任を示すことや、ステークホルダーに報告できることなどが挙げられます。

　また、効果的な尺度としてKPI（Key Performance Indicator：重要業績評価指標）があります。**KPIには、「先行指標」と「遅行指標」の2種類があります**。測定では、以下の2つの指標のバランスを取ることが重要です。

■ KPIの種類

KPIの種類	内容	例
先行指標 （何が起こりそうか ＝予測）	プロジェクトの成果を予測するために使用される。成果が現れる前に妥当な傾向でない場合、チームは事前に対策を講じることができる	・プロジェクトの成功基準
遅行指標 （何が起こったか ＝結果）	プロジェクトの成果を測定するために使用される。プロジェクトのパフォーマンスがどの程度効果的であったのかを評価する	・完成した成果物の数 ・消費された資源量

◯ SMART基準とは

　測定には時間と工数がかかります。そのため、プロジェクトチームに関係あるものだけを測定し、尺度が有用であることを確認する必要があります。**効果的な尺度の特性は、「SMART基準」で示すことができます**。SMART基準とは、Specific（具体的である）、Meaningful（有意義である）、Achievable（達成可能である）、Relevant（関連性がある）、Timely（期限が明確である）の頭文字をとった評価基準で、KPIなどの目標を明確にする際のフレームワーク（Framework）として利用します。フレームワークとは、何かを決定したり、計画したりするときに利用される、アイデアを出すしくみのことです。

■ 要求事項を引き出す方法

SMART基準の項目	内容
Specific（具体的である）	測定は、何を対象とするのか具体的に示されていることが望ましい
Meaningful（有意義である）	測定の尺度は、ビジネスケース、ベースライン、要求事項に結びついているべきである
Achievable（達成可能である）	測定の尺度は妥当で現実的であり、人員、技術、環境に照らして達成可能であることが望ましい
Relevant（関連性がある）	測定の尺度は、目標との関連性が必要である。測定によって入手できる情報は、ステークホルダーの行動を促す程度の内容であることが望ましい
Timely（期限が明確である）	測定はいつまでに達成するのか、期限が明確であるべきである

まとめ

- KPIには先行指標と遅行指標の2種類がある
- 先行指標は予測の要素があり、遅行指標は結果にもとづく
- KPIなどの効果的な尺度の特性は、SMART基準で明確にできる

Chapter 4 PMBOK第7版 8つのパフォーマンス領域：測定

62 測定の対象：成果物のメトリックス、デリバリー

ここからは、測定の対象となる項目について解説します。まずは、デリバリーの尺度についてです。また、デリバリーの尺度をいくつか表現できるタスクボードについても解説します。

● 成果物のメトリックス、デリバリー

どのような開発アプローチを利用した場合でも、エラーや欠陥についての情報、サイズや容量など物理的・機能的属性などの**成果物のメトリックスを利用して、開発した成果物を測定することは重要**です。

また、ここでは主に、**適応型アプローチで利用される「デリバリーの尺度」**についても確認します。

■ デリバリーの尺度

尺度項目	内容
仕掛り作業 （Work In Progress：WIP）	着手した作業の項目数のこと。仕掛り作業を制限することで、チームのパフォーマンス以上の作業を着手しないようにコントロールできる
リードタイム	顧客などのステークホルダーの要求事項をユーザーストーリーとして特定し、成果物として提供するまでの総時間
サイクルタイム	タスクの開始から完了までの経過時間
待ち行列のサイズ	実行待ちとなっている作業項目数
バッチサイズ	一度にまとめて処理できる作業項目数。仕掛り作業（WIP）の項目数を制限することで明確になる
プロセス効果	作業フローを最適にするために、付加価値のある時間と付加価値がない作業の割合を算出する

● タスクボードでデリバリーの尺度を確認する

　イテレーション計画の結果、イテレーションバックログが生成されることは、Sec.49で説明しました。イテレーションバックログはプロダクトバックログに含まれるユーザーストーリーで、記述されたプロダクトバックログアイテム（PBI）をもとに、イテレーションごとに生成されます。

　また、**イテレーションバックログは、タスクボードやカンバンとも呼ばれます。こちらを通してデリバリーの尺度を確認できます。**

■ タスクボードとデリバリーの尺度

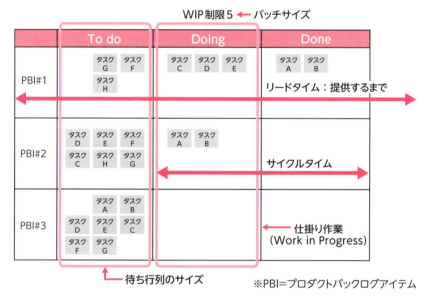

※PBI=プロダクトバックログアイテム

まとめ

- 成果物のメトリックスとは、エラーや欠陥についての情報や、サイズや容量など物理的・機能的属性などを含む
- デリバリーの尺度は、適応型アプローチで利用される
- タスクボードでデリバリーの尺度を確認できる

Chapter 4　PMBOK第7版　8つのパフォーマンス領域：測定

63 測定の対象：ベースラインのパフォーマンス

続いて、ベースラインのパフォーマンスに関する尺度を確認します。ここで示すスケジュールの尺度とコストの尺度では、アーンドバリューマネジメントを利用するケースが多く見られます。また、実コストは資源の尺度にも関連します。

● アーンドバリューマネジメントとは

　プロジェクトの開始から現時点までの、スケジュールに関する状況と予算状況を定量的に測定する手段として、PMBOK Guideでは、「**アーンドバリューマネジメント**を利用する」としています。アーンドバリューマネジメントを行うために必要な数値は、**プランドバリュー（Planned Value：PV）**、**アーンドバリュー（Earned Value：EV）**、**実コスト（Actual Cost：AC）**の3つです。

■アーンドバリューマネジメントで使用する3つの数値

名称	内容
プランドバリュー（PV）	測定時点までにこれから行う作業に割り当てた予算、もしくは作業量
アーンドバリュー（EV）	完了した作業に割り当てた予算、もしくは作業量
実コスト（AC）	実際に使用したコスト実績、もしくは作業量

　ここでのポイントは、**プランドバリューとアーンドバリューは両方とも予算であり、実コストのみ実績値**であることです。
　予算が2種類あることに違和感を覚えるかもしれませんが、プランドバリューはプロジェクト作業の開始前に設定できる予算であり、アーンドバリューはプロジェクト作業を進め、完了した作業に割り当てていた予算である点が異なります。つまり、**アーンドバリューは予算ではありますが、プロジェクト作業を進めなければ算出できない**、という特徴があります。

● 作業遅延を確認する方法

　たとえば、ある製品を生成するため、8月1日から開始して、8月31日で終了予定のプロジェクト作業を進めていると仮定します。そのプロジェクトにおいて、当初予定していた8月15日に作業状況を確認した結果、以下のようになっていたとします。

■ 作業遅延の分析の例

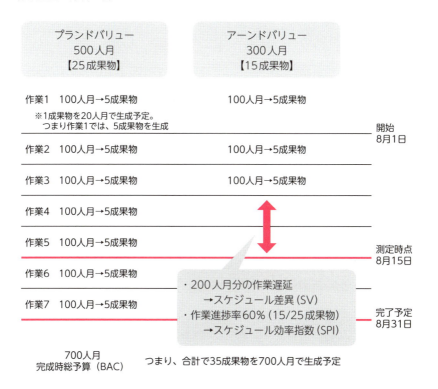

　この例では、10成果物分（200人月分）の作業が遅延していることがわかります。そのように遅延を示すことができる評価指標を**スケジュール効率指数（Schedule Performance Index：SPI）**、**スケジュール差異（Schedule Variance：SV）**といいます。

● 予算超過を確認する方法

P.165の例をもとに、予算超過を確認する方法を見ていきましょう。作業1〜作業3を完了させるにあたって実際に使用した作業量を調査した結果、以下のようになっていたとします。

■ 予算超過の分析の例

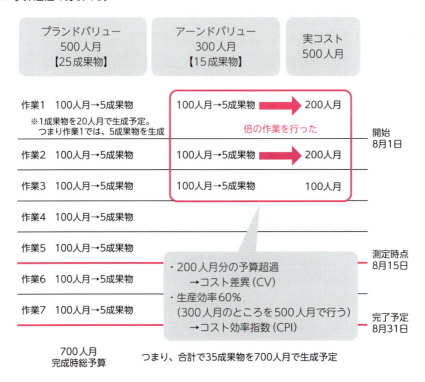

この例では、予定どおりの作業量で終了したのは作業3のみであり、作業1と作業2は、それぞれ倍の作業量をかけて成果物を生成していたことがわかります。そのように予算超過を示すことができる評価指標を**コスト効率指数（Cost Performance Index：CPI）**、**コスト差異（Cost Variance：CV）**といいます。

アーンドバリューマネジメントを実践するためには

　前述のとおり、アーンドバリューマネジメントを実施するためには、プランドバリュー、アーンドバリュー、実コストの3つの数値が必要です。これらの数値を利用する前提として、**プロジェクト作業を行う前、つまりプロジェクトの計画を立案するときに、各作業に対してコストや工数を割り当てることが必要**です。

　また、各作業に対してコストや工数を割り当てることで、プロジェクト全体に対する予算を設定できます。そのような予算を**完成時総予算（Budget at Completion：BAC）**といいます。P.165、166の図にあるとおり、完成時総予算はプランドバリューを集約した数値のことです。

　なお、この完成時総予算をプロジェクトマネジャーが承認した結果が**コストベースライン**です。また、以下の実コストは、資源の活用状況などにより変化する点も評価する必要があります。

■アーンドバリューマネジメントのイメージ

- アーンドバリューマネジメントには、プランドバリュー（PV）、アーンドバリュー（EV）、実コスト（AC）の3つの数値が必要である
- 上記の3つの数値を利用して、スケジュール効率指数（SPI）、スケジュール差異（SV）、コスト効率指数（CPI）、コスト差異（CV）を算出して、遅延や予算超過の有無を評価する
- 実コストは資源の活用状況により変化するため、活用状況を評価することも必要である

64 測定の対象：予測

ここでは、予測の尺度について解説します。予測とは、スケジュールやコストの状況を予想する「見通し」のことです。予測の尺度は、実コストに関連する資源やスケジュール、コストに関わるベースラインのパフォーマンスにも関連します。

● 残作業見積り、完成時総コスト見積りとは

プロジェクトで将来何が起こるかを検討するために、スケジュールとコストについて予測することは必要なアクションです。

ここでは**残作業見積り（Estimate To Complete：ETC）**、**完成時総コスト見積り（Estimate At Completion：EAC）**、**完成時差異（Variance At Completion：VAC）**、**残作業効率指数（To Complete Cost Performance Index：TCPI）**という4つの尺度について説明します。いずれもアーンドバリューマネジメントが重要な要素になります。

■ 予測に必要な2つの数値

名称	内容
残作業見積り（ETC）	Estimate To Completeを直訳すると、「完了するための見積り」となる。残りの作業に対して必要とする予算、もしくは作業量
完成時総コスト見積り（EAC）	Estimate At Completionを直訳すると、「完了時の見積り」となる。実コスト（測定時点までの使用したコスト、もしくは作業量）とETCを合わせた数値。ETCに実コストを加え、全体予算を算出するため、完成時総予算より精度の高い数値になる

上記の2つの数値のポイントは、**プロジェクトの開始から現時点までのコストの状況をもとにしている**という点です。つまり、アーンドバリューマネジメントで使用したプランドバリュー、アーンドバリュー、実コスト、そしてコスト効率指数を利用して、見通しを検討します。

現時点から完了までの見通し

ここでも、Sec.63のアーンドバリューマネジメントで利用した例をもとに、見通しを立ててみます。以下のように、残作業見積りと完成時総コスト見積りを確認することができます。

■ 残作業見積りの例

	プランドバリュー 500人月 【25成果物】	アーンドバリュー 300人月 【15成果物】	実コスト 500人月	
作業1	100人月→5成果物	100人月→5成果物	200人月	開始 8月1日
作業2	100人月→5成果物	100人月→5成果物	200人月	
作業3	100人月→5成果物	100人月→5成果物	100人月	
作業4	100人月→5成果物			
作業5	100人月→5成果物	残作業見積り 400人月		測定時点 8月15日
作業6	100人月→5成果物			
作業7	100人月→5成果物			完了予定 8月31日

700人月
完成時総予算　　　つまり、合計で35成果物を700人月で生成予定

　残作業見積りは、上記のとおり400人月です。これは、**完成時総予算（700人月）から、完了した作業に割り当てていた予算であるアーンドバリュー（300人月）を差し引くことで求められます。**

　また、この場合の完成時総コスト見積りは900人月です。これは、**実コスト（500人月）に残作業見積り（400人月）を足すことで求められます。**

🔴 これから行う作業が予定どおり進まない場合の見通し

これから行う作業が、必ずしも予定どおり進むとは限りません。これまでの例のように、遅延や予算超過が発生する可能性もあります。**その際は、測定時点でのコスト効率指数を考慮して、以下の図のように見通しを行う必要があります**。ここでは、P.166で導いたコスト効率指数を利用します。

■ 残作業見積りが予定どおりでない場合の例と完成時差異

前ページから解説しているように、残作業見積りを2種類の方法で計算するのは、あくまでも予測なので、最大値も検討する必要があるためです。また、完成時総予算から完成時総コスト見積りを差し引くことで、完成時差異を特定できます。

残作業効率指数を加えて検討する

　見通しにおいてもっとも注意すべきは、「最小値で見通したら、結果はそれよりも大きくなってしまった」というパターンです。このため、残作業見積りはコスト効率指数を考慮して算出する必要があります。また、そのほかの指標として、**残作業効率指数**があります。これは、「どの程度のコスト効率指数であれば、完成時総予算、もしくは完成時総コスト見積りで残作業を完了できるのか」を示した評価指標です。そのため、**測定時点でのコスト効率指数があまりよくない（予算超過している）場合は、残作業効率指数はコスト効率指数よりも高い数値になります**。残作業効率指数は「（完成時総予算－アーンドバリュー）÷（完成時総予算または完成時総コスト見積り－実コスト）」で求められます。

　以下の図のように、完成時総予算が3,000人月の場合、測定時点でのコスト効率指数が0.8であれば、残作業効率指数は1.1にする必要があります。

■ 完成時総予算をもとにした残作業効率指数の例

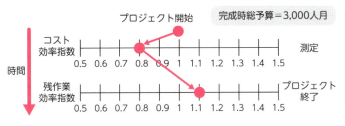

まとめ

- 見通しの主な数値には、残作業見積りと完成時総コスト見積りがある
- 完成時総コスト見積りは、残作業見積りに実コストを加えた数値である
- 残作業見積りの算出方法は2種類ある

65 測定の対象：事業価値

事業価値に関する尺度の確認は、BCR（費用便益率）、ROI（投資対効果）などを利用します。また、開発規模の大きいプロジェクトでは、NPV（正味現在価値）を利用して尺度を確認することもあります。

● BCR、ROIとは

プロジェクトを適切に進めるためには、ベネフィットが得られていることを定期的に確認し、継続するかどうかの判断が求められます。その際に利用する尺度に、**BCR（Benefit-Cost Ratio：費用便益率）** と **ROI（Return On Investment：投資対効果）** があります。BCRは費用対効果に焦点を当て、1以上か否かが判断基準です。一方のROIは投資効率に焦点を当て、その割合が大きいかどうかが判断基準です。

以下の表は、BCRとROIの概要をまとめたものです。

■事業価値の尺度

尺度項目	内容
BCR（費用便益率）	費用対効果を評価し、得られるベネフィットがプロジェクトへの投資額より上回っているかを判断するために使用する。「ベネフィット÷投資額」で計算し、1以上であれば、プロジェクトでの効果は費用を上回る
ROI（投資対効果）	投資効率を評価し、投資額に対して得られるベネフィットの量を評価するために使用する。計算方法は「（ベネフィット－投資額）÷投資額×100」。この尺度はパーセンテージで示され、割合が高いほど投資効率がよい

上記の尺度のほか、プロジェクト開始時に設定したビジネスケース（Sec.18参照）にもとづいて、プロジェクトで確認できたベネフィットを評価し、プロジェクトを継続するかどうかを判断することもあります。

NPVとは

事業価値の尺度の1つ **NPV（Net Present Value：正味現在価値）とは、予定される利益のこと** です。開発規模の大きいプロジェクトでよく利用される、収益性を確認するための指標です。

たとえば、期間が10年のプロジェクトがあるとします。10年後のプロジェクト終了時に顧客から売上1億円を得る場合、その売上を「現在価値」で考えます。その理由は、利率が加わることで、同じ金額でも現在と10年後では価値が違うためです。仮に現在の金利が年1%ならば、10年後の1億円の売上を現在価値で考えると1億円÷$(1+0.01)^{10}$で約9,052万円です。つまり、金利が年1%なら、10年後の1億円は現在の価値では9,052万円なのです。

また、NPVは現在価値から開発費を差し引いて算出します。上記の例なら、開発費が1,000万円だとすると、NPVは8,052万円となります。なお、金利を考える場合は、銀行からの借り入れの利率のほか、企業が利益を得た場合の株主への還元率を含めて考えるのが普通です。

■ NPVのイメージ

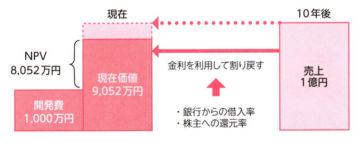

まとめ

- 事業価値の尺度を利用し、プロジェクトの継続判断が必要である
- BCRは費用対効果に焦点を当て、ROIは投資効率に焦点を当てている
- NPVとは、予定される利益のこと

66 測定の対象：ステークホルダー

Chapter 4　PMBOK第7版　8つのパフォーマンス領域：測定

Sec.17などでも解説しているように、ステークホルダーの満足度については、プロジェクト期間を通して評価する必要があります。ここでは、ステークホルダーに関わる尺度について解説します。

● ネットプロモータースコアとは

ステークホルダーの満足を確認する尺度として、ネットプロモータースコア（NPS：Net Promoter Score）があります。顧客などプロジェクト依頼者が、プロジェクトで開発したプロダクトやサービスに対する満足度を評価するために利用される尺度です。

ネットプロモータースコアは、推奨者の割合から批判者の割合を減算することで、－100～100の間の数値で求めることができます。たとえば、ネットプロモータースコアが100に近い数値であれば、顧客などプロジェクト依頼者は非常に満足していることを示します。

プロジェクトでアジャイル型アプローチを採用した場合、リリース計画にもとづき3～6カ月程度の期間で、顧客などプロジェクト依頼者に一部の機能を段階的に提供します。そこで、提供した機能に関する評価をネットプロモータースコアを利用して確認できます。

■ ネットプロモータースコアの例

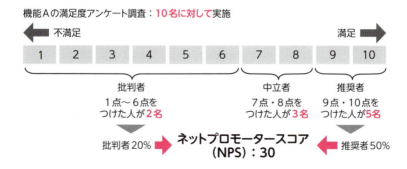

チームの満足を評価する尺度

プロジェクトチームの満足を確認できる尺度として、PMBOK Guideでは士気、離職率、ムードチャートの3つについて説明しています。

1つ目の**士気**（Morale）は、アンケートで「自分の仕事が全体的な成果に貢献していると感じている」「私は適切に評価されている」「チームが協力して行う仕事の進め方に満足している」などの項目を示し、5段階で確認する尺度です。

2つ目の**離職率**（Turnover）は「想定以上に離職率が高い場合は士気が低い」というように士気にも関わりますが、プロジェクト期間を通して確認することが必要な尺度です。

3つ目の**ムードチャート**（Mood Chart）は、プロジェクトメンバーが定期的に色、数字、絵文字などを利用して自分の気持ちをチャートに記入することで測定する尺度です。チームのムードや反応を追跡することができます。アジャイル型アプローチで利用されるニコニコカレンダーとほぼ同じです。

■ ムードチャートの例

	日曜日	月曜日	火曜日	水曜日	木曜日	金曜日	土曜日
Tom	😊	😐	☹️				
Lucy	☹️	😐	😊				

まとめ

- 顧客の満足を評価する尺度として、ネットプロモータースコア（NPS）がある
- ネットプロモータースコアは、推奨者の割合から、批判者の割合を減算して求める
- チームの満足を評価する尺度として、士気、離職率、ムードチャートがある

Chapter 4　PMBOK第7版　8つのパフォーマンス領域：測定

67 情報の開示

ここまで、尺度について解説してきました。ここからは、その尺度で得た情報を共有するための方法について解説します。情報は図表を利用して視覚的に表示することで、ステークホルダーが理解しやすくなります。

● バーンダウンチャートとは

バーンダウンチャートは、残作業量とそれに必要な日数をひと目で確認できるツールで、アジャイル型アプローチで利用されます。このチャートでは、イテレーションの開始時に計画されたタスクが、イテレーションの期間内にどの程度進行しているか進捗状況を確認できます。

■ バーンダウンチャートの例

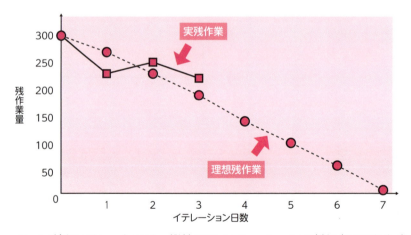

バーンダウンチャートでは、縦軸にはイテレーションで割り当てられた全タスクの作業量、横軸にはイテレーションの期間が表示されます。イテレーションが進行するにつれて、実残作業が理想残作業量どおりに減少しているかを確認できます。たとえば、上図では1日目には予定以上に作業が進んでいますが、2日目以降は予定どおりには進んでいないことが確認できます。

● バーンアップチャートとは

　バーンアップチャートは、「完了した作業量」と「作業の完了予測」を比較することで、予定どおりに作業が進められているのかをひと目で確認できるツールです。バーンダウンチャートと同じく、進行状況を追跡するために利用されます。このチャートでは「完了すべき全作業の総量」である目標ラインを示すことで、プロジェクト全体に対する進捗が確認できます。なお、「完了すべき全作業の総量」は、新たな機能が追加されるなど、プロジェクトの範囲が変更されたときに上下に変動します。

■ バーンアップチャートの例

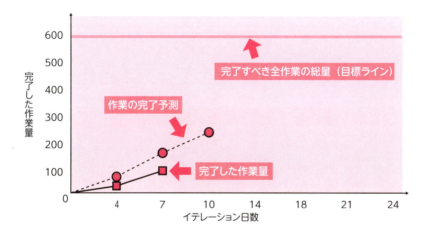

　またPMBOK Guideでは、「バーンダウンチャートやバーンアップチャートにより、チームのベロシティを示すことができる」としています。ベロシティとは、1イテレーションにおいてチームが処理できるSP（ストーリーポイント）数で示される作業量のことです。SPについては、Sec.48「見積技法」を確認してください。

● ダッシュボードとは

　ダッシュボードは、プロジェクトで得られるタスクの消化具合、メンバーの作業状況、KPIに関する情報など、多くの情報を提示するときに利用できます。また、ダッシュボードに記載されている情報は概要になる場合があるため、それらの情報を深掘りすることで、詳細な分析が可能になります。

　なお、ダッシュボードはRAGチャートとも呼ばれます。RAGは赤（Red）、琥珀色（Amber）、緑（Green）の略語です。緑は順調であること、琥珀色はプロジェクトにおいて懸念事項があること、赤は課題があるため即時対応が必要であることを示します。

■ ダッシュボードの例

組織のプロジェクト名			
プロジェクト名称と概要説明			
エグゼクティブ・スポンサー：		PM：	
開始日：	終了日：		報告期間：
状況：	スケジュール	資源	予算
主な活動	直近の成果	次回までの主要成果物	状況
活動#1			懸念あり
活動#2			順調
活動#3			課題あり
順調　完了　懸念あり　課題あり　保留　中止　未着手			
現在の主なリスク：脅威と好機、軽減		現在の主な課題：説明	

●「情報の提示」に関するまとめ――情報ラジエーター

アジャイル型開発では、バーンダウンチャートやバーンアップチャート、ダッシュボード、タスクボードなどの総称を**情報ラジエーター**と表現しています。情報ラジエーターはビッグ・ヴィジブル・チャートとも呼ばれ、プロジェクトに関わるステークホルダーが必要な情報を手軽に得られるようにすることで、より迅速で効果的な意思決定を促進する目的があります。そのため、基本的にはExcelなどのソフトウェアは使用せず、タイムリーに更新できるように、ホワイトボード、模造紙、付箋紙などを利用して手書きで作成し、「**ロー・テクでハイ・タッチ（高度な技術や複雑なデジタルツールを使用せず、人と人との接触を重視する）**」であるのが普通です。

■ 情報ラジエーターのイメージ

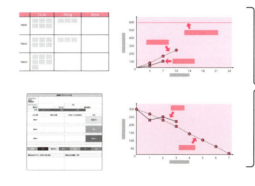

情報ラジエーター

バーンダウンチャート、
バーンアップチャート、
ダッシュボード、タスクボード
などの総称

「ロー・テクでハイ・タッチ」を
重視する

> **まとめ**
>
> - バーンダウンチャートとバーンアップチャートは、進行状況を確認するためのツールである
> - ダッシュボードは、多くのプロジェクト情報を伝達するためのツールである
> - 情報ラジエーターは、アジャイル型開発で利用される情報伝達のための「ロー・テクでハイ・タッチ」な文書の総称である

Chapter 4　PMBOK第7版　8つのパフォーマンス領域：測定

68 測定の落とし穴

プロジェクト期間中にプロジェクトの状況を測定する際、いくつか注意すべき点があります。ここでは、それらの注意点を確認します。おそらく、無意識のうちに注意していることもあるでしょう。

● 相関関係と因果関係

　PMBOK Guideでは、測定の落とし穴として、いくつかの注意点について解説しています。はじめに「相関関係と因果関係」について確認します。

　相関関係とは2つの変数の相関性、つまり一方の変数が変化するとき、もう一方の変数も変化するという関係のことです。また、因果関係とは原因と結果の関係性であり、一方の変数がもう1つの変数の原因になることを示しています。ここでのポイントは、**相関関係が必ずしも因果関係を意味するわけではない**ため、両者の違いに注意することです。

　たとえば、遅延と予算超過が発生しているプロジェクトにおいて、遅延と予算超過という2つの変数が連動していることが観察された場合、「予算超過の原因はスケジュール管理に問題があることだ」と短絡的に考えるのは妥当ではありません。見積りのスキルが十分ではない、リスクマネジメントの方法が適切でないなど、ほかの部分に原因が存在している可能性もあるのです。

■ 相関関係と因果関係

　　・相関関係：一方の変数が変化するとき、もう一方の変数も変化する
　　・因果関係：一方の変数が、もう1つの変数の原因になる（原因と結果）

「相関関係」が「因果関係」を意味するわけではない

本当の「原因」を追究する

そのほかの測定の落とし穴

PMBOK Guideでは、相関関係と因果関係のほかにも、**ホーソン効果**、**バニティ・メトリックス（虚栄の指標）**、**士気喪失**、**メトリックスの誤用**、**確証バイアス**など、測定における注意点について説明されています。

■ そのほかの測定の落とし穴

項目	内容
ホーソン効果	人は注目されることで、その注目に応えようと考えて行動を起こす。たとえば、チームが開発した成果物の数だけを測定の対象にすると、よいものを開発することではなく、大量の成果物を開発することに注力するようになってしまうため、尺度の設定は注意が必要である
バニティ・メトリックス（虚栄の指標）	実際の意思決定には役に立たない尺度で評価する
士気喪失	非現実的で、達成不可能な尺度が設定されていると、チームの士気は低下する
メトリックスの誤用	「重要度の低い尺度に焦点を当て、最重要の尺度には焦点を当てない」「長期的な尺度を犠牲にして、短期的な尺度で高いパフォーマンスを示すことに焦点を当てる」など
確証バイアス	先入観があると、その先入観に合う情報を探し、データを誤って解釈する場合がある

まとめ

- 相関関係が因果関係を意味するわけではないため、本当の「原因」を追求する必要がある
- 尺度の設定において、ホーソン効果などを考慮する必要がある
- 先入観があると、その先入観に合う情報を探し、データを誤って解釈する場合がある

69 パフォーマンス領域8：不確かさ

プロジェクトにおいて「不確かさ」に対処することは必要なアクションです。ここでは、不確かさとは何か、その不確かさに対してどのように対処するのが望ましいかを解説します。

● 不確かさとは

不確かさパフォーマンス領域は、リスクと不確かさに関連する活動に関連します。**不確かさとは、課題と出来事などの理解と認識が欠如しており、不明または予測不可能な状態のこと**です（Sec.23参照）。

不確かさには、将来のイベントがわからないことに伴うリスク、現在または将来の状態を認識していないことに伴う曖昧さ、予測不可能な成果をもたらす動的なしくみに伴う複雑さ、などのニュアンスを含むとされています。つまり、リスクなどを含めた広義なものとして捉えるのが妥当です。

プロジェクトにおいては、不確かさの度合いはさまざまです。このため、プロジェクトチームはプロジェクト期間中、**不確かさを積極的に調査・査定し、どのように対処するのかを決定する必要があります**。

■ 不確かさのイメージ

不確かさ

課題と出来事などの理解と認識が欠如しており、不明または予測不可能な状態のこと

プロジェクト期間中、不確かさを調査し、査定して、どのように対処するのかを決定する必要がある

● 不確かさへの対応

前ページでは、プロジェクトチームはプロジェクト期間中、不確かさを積極的に調査し、査定して、どのように対処するのかを決定する必要があると説明しました。以下の表は、不確かさへの対応方法についてまとめたものです。自身のプロジェクトを想定して、確認してみましょう。

■ 不確かさへの対応

対応方法	内容
情報を収集する	調査を行う、専門家に関わってもらう、市場分析を行うなどの方法を利用して、より多くの情報を収集する。マイナスの影響を与える不確かさであれば、これによってその影響を低減することができる
複数の成果に備える	不確かさへの解決策を検討する以外に、その解決策が有効でなかった場合などに備える二次的な解決策として、バックアップ計画やコンティンジェンシー計画を用意する
セットベースを設計する	不確かさを低減するために、プロジェクトの初期段階で複数の設計または代替案を調査し、用意する。妥当な選択肢を検討して、効果のない代替案や最適でない代替案は廃棄される
回復力を養う	回復力は、Sec.25で説明した影響を緩和する能力と、挫折や失敗から迅速に回復する能力。回復力を養うことで学び得た知識を利用して、迅速に適合することが可能になる

まとめ

- 不確かさとは、課題と出来事などの理解と認識が欠如しており、不明または予測不可能な状態のこと
- 不確かさについては調査し、査定して、どのように対処するのかを決定する必要がある
- 不確かさの対応として、情報の収集、コンティンジェンシー計画の用意などがある

Chapter 4 PMBOK第7版　8つのパフォーマンス領域：不確かさ

70 曖昧さと複雑さへの対応

ここでは、曖昧さと複雑さへの対応方法について解説します。曖昧さは2つの種類があります。複雑さについては、Sec.23で説明しています。曖昧さと複雑さへの対応は、プロジェクトを進めるために必要なアクションです。

● 曖昧さへの対応

曖昧さは、「**概念的な曖昧さ**」と「**状況的な曖昧さ**」の2つに分けることができます。

概念的な曖昧さは、主にコミュニケーションに関する曖昧さです。各ステークホルダーが認識の異なる類似した用語を利用することで発生します。そのため、使用する用語についてのルールや用語の定義を確立することで解消が可能です。

状況的な曖昧さは、1つの問題を解決するために複数の選択肢が存在している場合などが該当します。PMBOK Guideでは、**状況的な曖昧さは段階的詳細化、実験、プロトタイプで解消できる**と示しています。とくにプロジェクトの開始時は、顧客の要求なども曖昧になりがちです。このため、以下にあげた状況的な曖昧さへの対応方法は、あらゆるプロジェクトで利用しているのではないでしょうか。

■ 状況的な曖昧さの対応

曖昧さの解消方法	内容
段階的詳細化	プロジェクトの開始時は大まかな計画を立案し、得られる情報が増えるにつれて、計画をより詳細にする。詳細になることで曖昧さを解消できる
実験	短いサイクルで新しいアイデアを試し、フィードバックを得ることで曖昧さを解消できる
プロトタイプ	試作品を作り、提供することで、問題などを見分けることにつながり曖昧さを解消できる

● 複雑さへの対応

複雑さ（Sec.23参照）は、プロジェクトのどのタイミングでも発生する可能性があります。PMBOK Guideでは、**複雑さの解消方法として、以下の表にまとめたシステムベース、再構成、プロセスベースの3つを示しています**。このうち「再構成」とは、物事の捉え方を変え、別の枠組みで捉え直すことです。

■ 複雑さの対応

種類	複雑さの解消方法	内容
システムベース	デカップリング	システムの一部を切り離して、システムを簡素化する
	シミュレーション	類似しているが関連性のないシナリオを利用する（例：フードコートを含む空港建設プロジェクトで、飲食業界を視察して消費者の購買行動を確認する）
再構成	多様性	複雑なシステムは、多様な視点からシステムを見る必要がある
	バランス	使うデータの種類とのバランスをとることは、より広い視点を得ることになる
プロセスベース	イテレーション	反復的または漸進的に計画し、イテレーションという短い期間でフィーチャーを開発する
	エンゲージメント	各ステークホルダーの積極的関与を推進する
	フェイルセーフ	失敗を想定して計画する

まとめ

- 概念的な曖昧さは、コミュニケーションのルールを決めることで解消できる
- 状況的な曖昧さは、段階的詳細化、実験、プロトタイプを利用することで解消できる
- 複雑さの対処は、システムベース、再構成、プロセスベースに分けて検討する

Chapter 4　PMBOK第7版　8つのパフォーマンス領域：不確かさ

71 リスク

リスクとは、プロジェクトに影響を与えうる、発生が不確実な事象のことです。ここでは、各リスクの対応方法やリスクレビューについて解説します。また、リスクと課題の違いについても解説します。

● リスクと課題

　リスクとは、プロジェクトに影響を与えうる、発生が不確実な事象のことです（Sec.24参照）。また、リスクはプロジェクト期間を通してマネジメントする必要があります。

　リスクについてはすでに解説しているので、ここではリスクと課題の違いについて解説します。たとえば、顧客から突然の追加要求が発生して、急遽、それに対処する必要が生じたとします。この場合、時制は将来ではなく現在なので、「リスクに対処する」ではなく「課題に対処する」と表現します。また、リスクと課題のポイントは、リスクに対処しつつ、各リスクが課題にならないように、各リスクに対して事前に「トリガー（予兆）」を設定することです。リスクが発生間近であることを示すトリガーを設定することで、課題の悪影響を多少は軽減できる可能性があります。

■リスクと課題の違い

	リスク	課題
前提	まだ発生していない出来事	すでに発生した出来事
内容	好影響（好機）と悪影響（脅威）の両方がある	悪影響しかない
時制	将来	現在
想定・発生するとき	プロジェクトの計画を立てるときに想定する	計画にもとづき作業を進めているときに発生する
対処	「リスクに対処する」とは、これから発生する事象の影響度や発生確率を下げるために、未然に対応することを指す	「課題に対処する」とは、すでに発生してしまった事象に対応することを指す

◯ 個別リスクの対応——脅威の戦略

リスクを特定し、各リスクを分析したら、各リスクについての対応方法を検討します。以下の表は、個別リスクの脅威への対応方法を整理したものです。**対応方法は、エスカレーション（Ecalation）、回避（Avoid）、転嫁（Transfer）、軽減（Mitigate）、受容（能動的受容、受動的受容）**があります。

これらの対応方法の中で、**もっとも一般的なものは能動的受容**だといわれています。たとえば、顧客や営業部門などからの依頼で見積りを提供する場合に、不測の事態に備えて、開発部門では予備費用を加えて見積りを作成することがあります。リスクマネジメントの観点でいえば、このケースは能動的受容を採用したことになります。

■ 脅威に対する対応方法

名称		内容
エスカレーション		脅威の影響がプロジェクトマネジャーの権限を越える場合に、上位者や上席者に指示を仰ぐ方法（例：スポンサーに対応を求める など）
回避		特定したリスクを完全になくす方法（例：プロジェクト計画書の一部を変更する など）
転嫁		プロジェクトからリスクをなくすのではなく、ベンダーなどの第三者に移転する方法。リスクを第三者に移転することにより、移転先への支払いが発生する（例：保険に加入する、ベンダーと契約して一部の作業を依頼する など）
軽減		特定したリスクの発生確率や影響度、あるいはその両方を減少させる方法（例：新しい商品を作成するにあたり、通常よりもテストの回数を多くする など）
受容	能動的受容	コンティンジェンシー予備を設ける。リスクの対応方法では一般的な方法
	受動的受容	定期的なレビュー以外は何もしない。リスクに対してあまり適用されない方法

● 個別リスクの対応――好機の戦略

好機の戦略の「好機」とは、プロジェクトをよい方向へ変えるために必要で、発生が不確実な要因のことです。**好機の戦略の対応方法は、エスカレーション、活用、共有、強化、受容のいずれかになります**。なお、エスカレーションと受容の内容は、脅威の戦略（P.187参照）と同じです。

■ 好機に対する対応方法

名称		内容
エスカレーション		好機の影響がプロジェクトマネジャーの権限を超える場合に、スポンサーなどに対応を求める方法
活用		特定したリスクが確実に発生するようにする（例：プロジェクト計画書の一部を変える など）
共有		好機のオーナーシップ（全部、もしくはその一部）を第三者に移転する方法。ここでいう第三者とは、ジョイントベンチャーやパートナーシップなどを指す
強化		特定したリスクの発生確率や影響度、あるいはその両方を助長する方法（例：スキルが高いメンバーに対して表彰と報奨を設定する など）
受容	能動的受容	コンティンジェンシー予備を設ける
	受動的受容	定期的なレビュー以外は何もしない

好機の戦略のポイントは、活用策と強化策の位置づけです。**活用策はリスクが発生するようにします**。つまり、脅威の戦略における回避策とは逆の対応法です。一方、**強化策はリスクの発生確率や影響度を助長します**。こちらも、脅威の戦略における軽減策とは逆の対応法です。

また活用策では、特定したリスクを確実に発生させるため、計画・方針などの変更が必要です。たとえば、海外から資材を購入しているプロジェクトであれば、継続的に資材を購入する計画ではなく、円高になった段階で一気に海外から資材を購入する計画に変更する、などの方法です。つまり、活用策はリスク要因がプロジェクトの外に存在しています。

● リスクレビューとは

　プロジェクト期間中、各ステークホルダーからのフィードバックを得るための会議を事前に設定することは、リスクに積極的に対処するうえで必要なアクションです。その1つに、**デイリースタンドアップ会議**があります。これは毎日同じ時刻に、同じ場所で、立ったまま行う15分間程度の会議です。アジャイル型アプローチでよく利用されますが、開発アプローチの種類を問わず、あらゆるプロジェクトで脅威や好機を特定するために利用できます。なお、アジャイル型アプローチであれば、イテレーション内で実施するレビューやレトロスペクティブでもリスクの特定が可能です。

　また、**状況会議を開催して、新しいリスクを特定し、既存のリスクの変化を明確にする**という方法もよく利用されます。予測不能な変化が発生するプロジェクトであれば、このような会議で、作業の順番を組み替えるなどの代替案を検討することも必要です。

■ リスクレビューのイメージ

会議（デイリースタンドアップ会議、レビュー、レトロスペクティブ、状況会議など）を利用して、**新しいリスクを特定し、既存のリスクの変化を明確にする**

作業の順番を組み替えるなどの**対応方法も検討**する

まとめ

- 脅威の対応方法は、エスカレーション、回避、転嫁、軽減、受容（能動的、受動的）の5つである
- 好機の対応方法は、エスカレーション、活用、共有、強化、受容（能動的、受動的）の5つである
- リスクレビューは会議を利用して、新しいリスクを特定し、既存のリスクの変化を明確にする

Chapter 4　PMBOK第7版　8つのパフォーマンス領域：不確かさ

72 リスクの特定と分析

リスクの対応方法を検討する際は、事前にリスクを特定し、各リスクの発生確率と影響度を分析する必要があります。PMBOK Guideではリスクの特定と分析については触れていませんが、本セクションで確認します。

● リスクの特定方法

　本来、リスクの対応方法を検討する前に、**リスクを特定して、各リスクの発生確率と影響度を分析することが必要**です。

　プロジェクトの開始時に、完璧にリスクを特定する必要はありません。だからといって、プロジェクトの計画を立案する際に、1人で何となくリスクを特定するというパターンは避けるべきです。なるべく多くのメンバーを集めて、リスクを特定するのが理想です。

　以下の表は、主なリスクの特定方法をまとめたものです。これらの方法をすべて利用するのではなく、**プロジェクトの状況や自身の今までの経験をもとに、使いやすい方法で特定**しましょう。

■ リスクの特定方法の例

特定方法	内容
ブレインストーミング	会議でよく利用される方法。とくに制限を設けず話し合いながら、リスクを特定する
インタビュー	会議などにおいて、各ステークホルダーへのインタビューを実施することでリスクを特定する
チェックリスト分析	過去のプロジェクト情報をベースに作成したチェックリストにもとづき、リスクを特定する
文書分析	計画書など、プロジェクトで生成した文書をもとにリスクを特定する
前提条件・制約条件分析	プロジェクトで設定されている前提条件と制約条件を確認し、リスクを特定する。前提条件はプロジェクトを進める中で変化する可能性があるため、リスクを特定する際は適宜確認する必要がある

● リスクの分析方法

リスクを分析する際は、各リスクの発生確率と影響度を評価するために「発生確率・影響度マトリックス」を利用します。

このツールでは、各リスクの発生確率と影響度を5段階で表示し、それぞれの数値を掛け算することで、リスクの大きさを示すリスクスコアを算出します。このリスクスコアによって、各リスクを高・中・低の3段階に分けることができます。

■ 発生確率・影響度マトリックス（数値はリスクスコア）

発生確率							
	極高	5	5	10	15	20	25
	高	4	4	8	12	16	20
	中	3	3	6	9	12	15
	低	2	2	4	6	8	10
	極低	1	1	2	3	4	5
			1	2	3	4	5
			極低	低	中	高	極高

発生確率4×影響度3＝リスクスコア12　　　　影響度

上図では、リスクスコアは発生確率と影響度の積で求められます。リスクスコアが12ポイント以上が高リスク、5ポイント以上が中リスク、4ポイント以下が低リスクです。リスクスコアを算出することで、リスクしきい値（Sec.24参照）にもとづいて、低リスクは基本的にリスクを許容することになります。

まとめ

- リスクを特定し、分析して、そのあとで対応方法を検討する
- リスクの特定方法は、プロジェクトの状況や今までの経験をもとに、使いやすい方法を利用するのが望ましい
- リスク分析では発生確率・影響度マトリックスを利用するケースが多い

プログラムマネジメントとプロジェクトに関する資格試験

　プロジェクト単体では大きな成果を得られない場合、いくつかのプロジェクトをまとめ、集合体としてマネジメントをする場合があります。そのようなプロジェクトの集合体を**プログラム**といいます。たとえば「業務改善プログラム」の中に、「人事部門改善プロジェクト、企画部門改善プロジェクト、営業部門改善プジェクト」などのさまざまなプロジェクトが存在しているケースです。こうしたケースでは、各プロジェクトにプロジェクトマネジャーの役割を置くことに加え、全体をマネジメントする立場である**プログラムマネジャー**という役割を置く場合があります。

　プログラムマネジャーは、各プロジェクトが問題なく進んでいるかの確認や、各プロジェクトを問題なく進めるために必要な資源の供給などのマネジメントを行います。プログラムマネジャーはプロジェクトマネジャーよりも広い範囲をマネジメントする必要があるため、常に組織全体の効率を考えることが求められます。

　プログラムマネジメントの資格試験としては、米国 PMI（https://www.pmi.org/）が実施している「PgMP（Program Management Professional）」や、Peoplecert 社（https://peoplecert.jp/）が実施している「MSP（Managing Successful Programmes）」があります。

　もちろん、プロジェクトマネジャーに関する資格試験もあります。すでに何度か説明しているPMP試験や、1年に一度、情報処理推進機構（IPA）が実施している「プロジェクトマネージャ試験」などです。そのほかにも「Project+試験（CompTIA社）」、「PRINCE2試験（Peoplecert社）」、「PMS（Project Management Specialist／日本プロジェクトマネジメント協会）」などがあります。

　各試験にはそれぞれ、受験資格、試験の範囲・内容、試験の方法、合格条件などの特徴があります。自身のキャリアアップのために受験を検討する場合は、現時点での自身の状況を考慮し、各試験の詳細を調べたうえで対策を考えることが必要です。

5章

PMBOK第7版 テーラリング

この章では、PMBOK Guide第7版のテーラリングについて解説します。テーラリングはプロジェクトを進める手段です。テーラリングについては第3章「プロジェクトマネジメント標準　12の原理・原則」でも触れていますが、どのようなプロジェクトでも必ず実施します。

Chapter 5　PMBOK第7版　テーラリング

73　テーラリング

プロジェクトの性質に最適なアプローチを適用することを「テーラリング」といいます。どのようなプロジェクトでも利用できる単一のアプローチはないため、プロジェクトの進め方を検討するうえで、テーラリングは必要なアクションです。

◉ テーラリングとは

　テーラリングとは、特定の環境と目前のタスクにさらに適合するように、アプローチ、ガバナンス、プロセスを意図的に適応させることです（Sec.21参照）。そのため、**どのようなプロジェクトでも利用できる単一のアプローチは存在しません**。

　プロジェクトでは、可能な限り迅速に成果を提供する、コストを最小化する、価値実現を最適化する、高品質の成果物を実現する、規制を遵守して多様なステークホルダーの期待や変化に対応する、などのさまざまな要因のバランスを取り、作業環境を構築することが必要です。そのため、**テーラリングを行うには、プロジェクトの状況、ゴール、作業環境の理解が必要**です。以下の図は、Sec.21で説明したテーラリングのイメージです。

■ テーラリングのイメージ

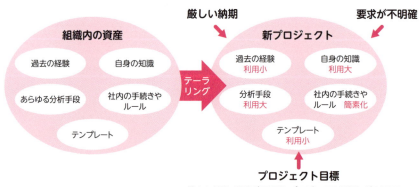

◯ テーラリングする対象

　どのようなプロジェクトでも利用できる単一の開発アプローチは存在しないため、プロジェクトの状況、ゴール、作業環境の理解を考慮し、テーラリングを利用して、作業プロセスなどプロジェクトの進め方を検討します。たとえば、安全が最優先のプロジェクトでは、独自の検査を追加するなどのアクションが必要です。つまり、状況に応じて**プロセス**の追加、変更、削除などを行います。

　開発アプローチもテーラリングの対象です。プロジェクトの特性により予測型、ハイブリット型、アジャイル型などを選択しますが、この選択と決定もテーラリングの1つです。

　また、プロジェクトに関わる**人のエンゲージメント**もテーラリングの1つです。納期が厳しいプロジェクトであれば、経験豊富なメンバーを割り当てることが妥当であり、そのようなメンバーに与える権限について検討することもテーラリングです。さらに、**ソフトウェアや機器などのツール、プロジェクトで利用する文書・テンプレートの選定**もテーラリングです。

■ テーラリングする対象

プロセス

開発アプローチ

人の
エンゲージメント

ツールや文書・
テンプレートの選定

まとめ

- どのようなプロジェクトでも利用できる単一のアプローチは存在しないため、テーラリングが必要である
- テーラリングを実施するには、プロジェクトの状況、ゴール、作業環境の理解が必要である
- テーラリングにはプロセスのほか、開発アプローチ、人のエンゲージメント、ツール、方法や作成物も含む

74 テーラリングプロセス

Chapter 5　PMBOK第7版　テーラリング

テーラリングの手順を「テーラリングプロセス」といいます。テーラリングはやみくもに行うのではなく、「開発アプローチ→組織→プロジェクト→改善」という手順に従うのが妥当です。

● テーラリングプロセスの全体像

　テーラリングプロセスとは、テーラリングの手順のことです。プロジェクトの環境に合わせてテーラリングをする場合は、**最初に開発アプローチを選定し、そのあと組織やプロジェクトに合わせてテーラリングしてから、プロセスの改善に積極的に取り組み、継続的な改善を進めます**。開発アプローチを選定する場合は、プロジェクトの特性に合わせて検討することが妥当です。その際に「適合性フィルター」を利用しましょう。

　適合性フィルターの評価は、文化、チーム、プロジェクトという3つの分野に分かれます。文化では、「アジャイルについての理解とサポートの有無」「チームへの信頼度」「チームの自立性」、チームでは、「チームの大きさ」「経験レベル」「ステークホルダーとの連絡のとりやすさ」、プロジェクトでは、「変更への対応」「プロジェクトの厳格さ」「部分的な構築が可能であるのかという点」をそれぞれ評価します。適合性フィルターは、これらの9項目を通じて評価を行います。

■ テーラリングプロセス

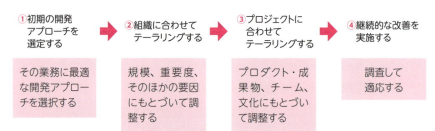

● 組織に合わせてテーラリングする

　多くの組織には、プロジェクトの開始時に利用できるプロジェクト方法論、一般的なマネジメントアプローチおよび開発アプローチが存在します。みなさんが進めているプロジェクトでも、組織の方針に従っているプロセスが存在しており、とくに意識することなく、そのようなプロセスを利用しているのでないでしょうか。

　新薬開発プロジェクトのように大規模で安全を最重視すべきプロジェクトであれば、何かしらの間違いにより致命的な状況になることを避けるため、承認プロセスを追加する必要が生じるかもしれません。また、一部の機能を段階的に提供するeラーニング開発などの小規模なプロジェクトであれば、特定の作業の進め方などがあるかもしれません。つまり**テーラリングプロセスは、プロジェクトの規模や重要度、組織の成熟度などの要素も含める必要がある**のです。

　組織内にPMO（Sec.07参照）が存在している場合は、PMOがテーラリングされたアプローチをレビューし、承認する必要があります。また、PMOによってほかのプロジェクトチームからのアイデアを提供することで、テーラリングの改善を支援することが可能になります。

■ 組織に合わせてテーラリングする

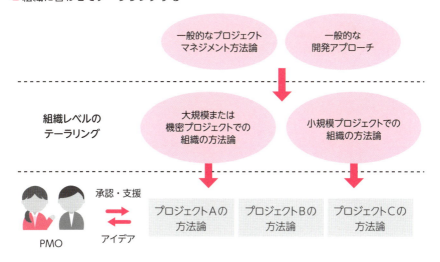

● プロジェクトに合わせてテーラリングする

プロジェクトに合わせたテーラリングは、多くの属性が影響を与えます。 PMBOK Guideでは、「プロダクト・成果物、チーム、文化」という3つの領域に含まれる属性について説明しています。

■ プロジェクトに合わせたテーラリングに関する属性

領域	属性	内容
プロダクト・成果物	コンプライアンス・重大性	どの程度のプロセスの厳格さと品質保証が適切か
	プロダクトのタイプ	ピルなど認識しやすい有形のものか、ソフトウェア設計のように無形のものか
	業界市場	開発した成果物はどの市場に提供されるか、競合の存在、市場の変化や規制はどうか
	技術	技術は安定しているのか、進化するのか
	期間	プロジェクト期間の長さ
	要求事項の安定性	要求事項の変化の可能性
	セキュリティ	プロダクトの要素は営業秘密か、極秘扱いか
	漸進型提供	ステークホルダーから漸進的にフィードバックを得られるのか、ほぼ完了したあとでの評価なのか
チーム	チームの規模	メンバーの人数
	チームの地理的要因	メンバーの主な所在地はどこか。リモートか、同一の作業場所か
	組織の分散	チームを支えるステークホルダーはどこにいるのか
	チームの経験	当該業界や当該組織における経験
	顧客へのアクセス	顧客からのフィードバックはタイムリーで頻繁に得ることができるのか
文化	賛同	提案された実施アプローチは受け入れられ、支持されているか
	信頼	チームは高い信頼を得ているか

領域	属性	内容
文化	エンパワーメント	作業環境、決定事項などに責任を持ち、信頼され、サポートを受け、奨励されているか
	組織文化	会社の文化として任せるのか、細かい指示を出しているのか

● 継続的な改善を実施する

　プロジェクトにおいて実施される**フェーズゲート（Sec.45参照）やレトロスペクティブなどを利用することで、テーラリングにおいて改善すべき箇所を特定できます**。レトロスペクティブとは、アジャイル型アプローチにおいてイテレーション内で実施される、イテレーションを振り返るための会議です。

　プロジェクトチームが自ら、プロセスの改善に積極的に取り組むことで、責任感が醸成されます。これによって、現状に甘んじることなく改善の意識が高まり、チームのエンゲージメントを高めることにつながります。

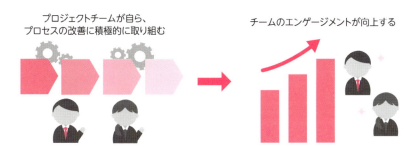

まとめ

- テーラリングプロセスとは、テーラリングの手順のこと
- テーラリングプロセスは、「開発アプローチ→組織→プロジェクト→改善」の順序で進む
- プロジェクトに合わせてテーラリングする場合、多くの属性を考慮する必要がある

Chapter 5　PMBOK第7版　テーラリング

75　パフォーマンス領域のテーラリング

パフォーマンス領域に関する作業もテーラリングすることができます。ここでは、パフォーマンス領域それぞれの考慮事項について解説します。なお、テーラリングの指針になるのは12の原理・原則です。

● パフォーマンス領域のテーラリング

　開発アプローチの決定はテーラリングプロセスに含まれています。プロジェクトに合わせてテーラリングする場合でも、チームに関わる要素が多いため、**8つのパフォーマンス領域にテーラリングを適用するケースがあります。**

　それでは、8つのパフォーマンス領域をテーラリングをする際に、どのような事項を考慮するべきでしょうか。PMBOK Guideの解説は細かいため、以下の表では、パフォーマンス領域ごとにポイントを絞って説明しています。

■ 各パフォーマンス領域をテーラリングするための考慮すべき事項

パフォーマンス領域	考慮すべき事項
ステークホルダー	・ステークホルダーとの協働的な環境であるか。ステークホルダーは内部と外部のどちらか、という関係性 ・ステークホルダーに対してどのようなコミュニケーション技術、言語を利用できるのか
プロジェクトチーム	・チームの物理的所在地、多様な文化的観点、フルタイムまたはパートタイムなどメンバーの勤務形態、チームが持つ確立した文化 ・チーム育成はどのようにマネジメントされるか
開発アプローチとライフサイクル	・プロジェクトで開発するプロダクトにはどのような開発アプローチが適しているか ・会社にはガバナンスの方針やガイドラインなどが存在するのか
計画	・アクティビティの所要期間に影響を与える要因の有無 ・コストの見積り方法、方針の有無。主要な調達の回数

パフォーマンス領域	考慮すべき事項
プロジェクト作業	・協働的な作業環境を作るため、どのように知識がマネジメントされるのか ・プロジェクト全期間で、どのような方法で情報を収集するのか。また、過去の情報をプロジェクトに利用できるか
デリバリー	・会社に要求事項のマネジメント方法は存在するのか ・会社にはどのような品質方針が存在するのか。また、品質に関するツールなどを使用しているのか
不確かさ	・リスク選好とリスク許容度は適切か ・利用する開発アプローチではリスクをどのように特定し、対処するのが最適か ・プロジェクトの規模により、さらに詳細なリスクマネジメント手法が必要か
測定	・価値はどのように測定するのか ・財務的価値と非財務的価値の尺度はあるのか ・プロジェクトの実施中およびプロジェクトの完了後に、ベネフィット実現に関するデータの収集とレポート作成をどのように行うのか

本章で解説した**テーラリングの指針となるのは、第3章で解説した「プロジェクトマネジメントの12の原理・原則」です**。また、テーラリングにおいては、上記の考慮事項によりプロセスを追加、変更、削除します。

まとめ

- パフォーマンス領域に関する作業についても、テーラリングすることができる
- パフォーマンス領域の考慮すべき事項により、プロセスを追加、変更、削除する
- テーラリングの指針となるのは、プロジェクトマネジメントの12の原理・原則である

立ち上げ時期の作業は上流工程だけなのか

　筆者は、周囲の方々から「自分が携わっているのは、クライアントから一部の作業を請け負うプロジェクトです。プロジェクトの途中の作業なので、立ち上げの作業のイメージがあまり湧きません」という話をよく伺います。プロジェクトの立ち上げ段階では、収益性の確認、投資対効果の分析、プロジェクト目標の設定、全体リスクの特定、ステークホルダーの特定、プロジェクト憲章の作成など、多くの作業を行います。一見すると、上流工程（ソフトウェア開発の初期に、構想や計画をする段階）で行われる作業ばかりに思えます。

　ここで、みなさんの実業務を振り返ってみてください。プロジェクト業務を開始するとき、いきなり自身の担当業務に着手することはないでしょう。まず、どのような人がプロジェクトに関わるのかを考えて、彼らへのアプローチ方法を検討すると思います。これは、プロジェクトの立ち上げ段階の作業の1つ「ステークホルダーの特定」と同じです。つまり、前述のような中間の工程でも、プロジェクトの立ち上げ時期の作業が行われる場合があるのです。

　また、プロジェクトの立ち上げ時期にはプロジェクト目標を設定します。この「目標を設定する」というのは、立ち上げ時期だけの作業ではありません。

　目標の設定にあたって、一般に「SMART基準」（Sec.61参照）に沿うことが望ましいといわれます。このSMARTは、以下の頭文字に由来します。

　　Specific（具体的である）
　　Meaningful（有意義である）
　　Achievable（達成可能である）
　　Relevant（関連性がある）
　　Timely（期限が明確である）

　これらの要素を含む目標の設定は、部下の指導、担当部門の年度目標など、日常の業務以外のあらゆる場面でも行われます。また、プロジェクトの内容や状況によっては、各工程で目標の設定が必要になる場合もあります。

　以上のことから、プロジェクトの立ち上げ時期に行う作業の中には、日常的に行われているものもあることがわかると思います。

6章

PMBOK第7版 モデル、方法、作成物

この章ではPMBOK Guide第7版のモデル、方法、作成物について解説します。リーダーシップ、変革、複雑さ、育成のモデル、プロジェクトで使用される方法や作成物について、PMBOK Guideに記載されている理論から、利用できそうなものをいくつか取り上げています。

Chapter 6　PMBOK第7版　モデル、方法、作成物

76 よく使用されるモデル

PMBOK Guideでは、プロジェクトマネジメントで利用できる多くのモデルについて説明しています。ここでは、その中でも実業務で利用できそうないくつかのモデルについて解説します。

● SLⅡ（リーダーシップ）とは

SLⅡ（Situational Leadership理論Ⅱ）は、「1分間マネジャー」などの著書（共著）で知られるケン・ブランチャード氏によって提唱されたリーダーシップ理論です。リーダーシップのスタイルは、各ステークホルダーの成熟度が高まるにつれて、指示型（Directing）→コーチ型（Coaching）→支援型（Supporting）→委任型（Delegating）へと進化する、という理論です。

はじめはリーダーは指示型であり細かく作業を指示しますが、ステークホルダーの習熟度が高まり状況が変わると、最終的には委任型になることを示しています。

■ SLⅡの構造

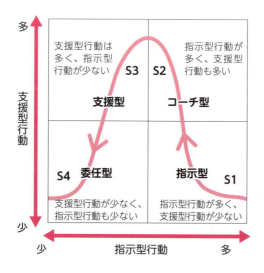

● OSCARモデル（リーダーシップ）とは

OSCARモデルはコーチングやリーダーシップで利用されるフレームワークの一種です。OSCARは、5つの手順であるOutcome（成果）、Situation（状況）、Choices／Consequences（選択肢／因果関係）、Action（アクション）、Review（レビュー）の頭文字から由来します。このモデルは、個人の能力開発のための行動計画を持つ人をサポートするのに役立ちます。以下の表は、OSCARモデルの5つの要素についてまとめたものです。

■ OSCARモデルの各要素

要素	内容
Outcome（成果）	何を達成したいのか明確にする。個人の長期目標、会話の中で特定できた望ましい成果を明確にする
Situation（状況）	現状の各メンバーのスキル、能力、知識レベルを把握し、問題や課題が何であるかを詳細に分析する
Choice／Consequences（選択肢／因果関係）	望む成果に達成するための手段と各選択肢の因果関係を特定し、長期目標を達成するための実行可能な手段を選択する
Actions（アクション）	誰が、何を、いつまでに行うのかという行動可能なゴールを設定し、具体的な改善を進める
Review（レビュー）	行動を実施したあと、目標が達成されたことを確認し、その結果を評価し、必要な調整や改善を行う

プロジェクトを進めるためにリーダーシップを適用する場合、上記のような理論が必要になる場合もあります。また、そのほかのリーダーシップスキルとして、明確かつ簡潔なビジョンを設定し、クリティカルシンキングを利用して各問題に対処しながら、感情的知性を利用して各メンバーの貢献意欲を高める**動機付け**も必要になります。

● ADKARモデル（変革モデル）とは

ADKARモデルは米Prosci社のジェフリー・ハイアット氏が書籍「ADKAR: A Model for Change in Business, Government and Community」の中で紹介した、組織変革におけるフレームワークであり、組織が変わるためには個人が変わる必要があるという前提での理論です。これは、組織変革を各個人の行動変化に落とし込み支援することで、組織変革の成功を目指すという考え方です。以下の表は、ADKARモデルが成り立つ5つの段階についてまとめたものです。

■ ADKARモデル

段階	項目	内容
Step 1	Awareness（認知）	変化の必要性を認識すること。変化がなぜ必要なのか、その背景にある理由や変化に至った状況への理解
Step 2	Desire（欲求）	変化が必要な理由を理解したあと、変化を支援し、参加したいという個人の願望を形成する。変化を前向きに捉えるための動機付けが重要
Step 3	Knowledge（知識）	変化の方法を理解するために知識や方法を学ぶ。新しい役割と責任を与え、知識習得のためのトレーニングを検討する
Step 4	Ability（能力）	変更を実行に移す能力。知識があっても、実践力がなければ変化は成功しないため、実践的な訓練でサポートする
Step 5	Reinforcement（定着）	変化を持続するために支援し、強化する。フィードバックや表彰・報奨などを利用する

組織全体を変革することは、とても大変なアクションです。そこで、まずは各個人の意識を徐々に変え、最終的に組織変革につなげるというアプローチを検討する場合、上記のようなADKARモデルを考慮することは、有効な手段の1つになり得ます。

● コッターの8段階モデル（変革モデル）とは

　企業におけるリーダーシップ論の権威として知られるジョン・コッター氏は、組織に対して変革を浸透させるためには、8つの段階にもとづく必要があると述べています。これが**コッターの8段階モデル**として知られる理論です。

　以下の表は、コッターの8段階モデルのポイントをまとめたものです。変革を望まない人には、Step 6にあるように短期的な成果を見せることも必要です。

■ コッターの8段階モデル

段階	項目	ポイント
Step 1	危機意識を高める	視野が狭いのか、目標が低いのか、忙しいため問題を見落としているのかなど、現状に満足している原因を特定する
Step 2	強力な推進チームを結成する	変革リーダーを特定する。アサインされるメンバーは基本的に、信頼され、専門性が高い人がよい
Step 3	変革のビジョンを作る	SMART基準にもとづいたプロジェクト目標を設定する。なお、変化する状況に対応できる柔軟な目標がよい
Step 4	ビジョンを周知徹底する	変革を望まない人に配慮した、感情的知性にもとづくコミュニケーションを取り、納得させる
Step 5	障害を取り除く	変革には障害が伴うため、すべての障害について対処する
Step 6	短期的な成果を実現する	変革することによる短期的な成果を見せることで、抵抗勢力の勢いを削ぎ、経営層を味方に付ける
Step 7	変革の成果を活かす	短期的な成果が達成されたら、地盤回復を狙う抵抗勢力に注意を払い、変革を止めないようにする
Step 8	企業文化に変革を定着させる	変革を企業文化にするには、しっかりとした成果が必要。状況により、社内の重要人物を排除する場合もある

◉ カネヴィンフレームワーク（複雑さのモデル）とは

カネヴィンフレームワーク（Cynefin Framework）はディビッド・スノードン氏が開発した、状況を理解し、意思決定を支えるためのフレームワークです。カネヴィンフレームワークは、以下の5つのドメインに分類できます。

ドメイン	状況
①単純（Simple）	原因と結果が明確で、適切な対応がはっきりしている状況。ベストプラクティスが意思決定に利用される
②煩雑（Complicated）	原因と結果が込み入った状態。専門家による分析や診断などを利用して、グッドプラクティスを適用する
③複雑（Complex）	原因と結果が複雑で、明確な原因が不明で正解もない状態。環境を調査し、なるべく状況を把握して行動するなどの試行錯誤を通して、理解が進むようにする
④混沌（Chaotic）	原因と結果の関係がまったく理解できない。また混乱が多すぎて、状況を理解するまで待てない状態。まずは事態を安定させる行動をとり、状況を「混沌」から「複雑」へと変えることが必要
⑤無秩序（Disorder）	状況をどのように扱うべきかがまったく不明で、そもそも自分がどのドメインにいるのかもわからない状態

■ カネヴィンフレームワークのイメージ

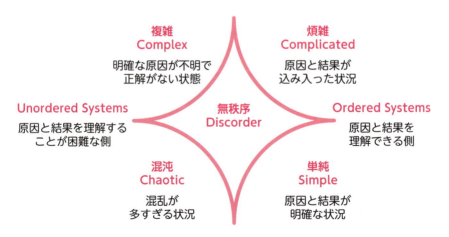

● ステイシーマトリックス（複雑さのモデル）とは

ステイシーマトリックス（Stacey Matrix）は、「カオスのマネジメント」の著者として知られるラルフ・ステイシー氏が提唱した、プロジェクトの相対的な複雑さを判断するためのフレームワークです。ステイシーマトリックスはカネヴィンフレームワークとは異なり、「要求事項の相対的な不確かさ」と「成果物の作成に使用する技術の相対的な不確かさ」という2軸に焦点を合わせています。

以下の図は、ステイシーマトリックスのイメージを表したものです。

■ ステイシーマトリックスのイメージ

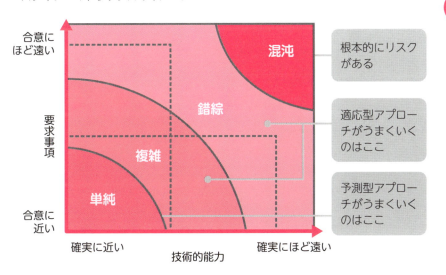

たとえば、顧客の要求があまりにも特定しづらく、かつ新しい技術の利用を求められるプロジェクトがあるとします。この状況では要求事項の合意にはほど遠く、技術的能力も確実にはほど遠いため、「混沌」の状態にあると考えられます。そのようなプロジェクトは根本的なリスクを抱えており、実施を見合わせるのが妥当である可能性があります。

● タックマンの成長段階(育成モデル)とは

　心理学者のブルース・W・タックマン氏が提唱した**タックマンの成長段階**では、成立期、動乱期、安定期、遂行期、解散期という5つの段階でチームの成長が示されています。

　チームが成長するためには、基本的には「成立期」から順序通りに成長し、場合によっては各段階を行き来しながら進むとされています。また、プロジェクトの内容次第では、必ずしもメンバーがはじめて集まる段階である成立期から開始するわけではないとされています。たとえば、アサインされるメンバーがいつも同じであれば、成立期からチームが開始するのではなく、「安定期」から開始するケースもあるでしょう。

　なお、チームのメンバーのうち1名でも変更された場合は、チームがどの段階であっても、成立期に戻るとされています。

■ タックマンの成長段階におけるチーム開発ステージの各段階

段階	名称	詳細
第1段階	成立期：Forming (別名：形成期)	メンバーが初めて集まる段階。考えをさらけ出すことが難しい。互いの自己紹介などをするために、礼儀正しい会話をする
第2段階	動乱期：Storming (別名：混乱期)	メンバーが自己主張を始め、個性の違いが明確になる。その自己主張から衝突が発生し、非生産的な環境になる
第3段階	安定期：Norming (別名：統一期)	メンバーが一緒に、生産的に働き始める。業務を進める過程で衝突が発生する場合もあるが、動乱期のようにメンバーの自己主張が原因ではない
第4段階	遂行期：Performing (別名：機能期)	メンバーがお互いに依存関係を保ち、生産性が向上して、高品質なプロダクトを開発する。また、課題にも効果的に対処できる
第5段階	解散期：Adjourning (別名：散会期)	プロジェクトが完了し、チームは解散する。良好なチーム関係であれば、メンバーが解散を惜しむ場合もある

● プロセス群（その他のモデル）とは

メンバーの数が多く、プロジェクトの期間が長い大規模プロジェクトであると、環境の変化などに柔軟に対応することが難しくなります。その場合は**作業の漏れや抜けを防ぐために、各工程の中に「プロセス群」を設定し、プロジェクトを進める**ことも必要です。プロセス群は、立ち上げプロセス群、計画プロセス群、実行プロセス群、監視・コントロールプロセス群、終結プロセス群の5つに分類できます。なお、プロセス群の考え方は、PMBOK第6版でも定義されています。

■ 各プロセス群の各詳細

プロセス群名	詳細
立ち上げプロセス群	目標を設定し、新しい工程を開始する認可を得る
計画プロセス群	目標をもとにスコープを明確にし、スケジュールを立てるなどの計画を立案する
実行プロセス群	設定した計画にもとづき、各ステークホルダーのエンゲージメントを高め、作業を進める
監視・コントロールプロセス群	計画通りに作業を進めていることを確認し、変更について適切に対処する
終結プロセス群	すべての作業が完了していることを確認し、プロジェクトを完了させる

まとめ

- リーダーシップ理論には、SLⅡやOSCARモデルなどがある
- 変革に関する理論には、ADKARモデルやコッターの8段階モデルなどがある
- 複雑さに関する理論には、カネヴィンフレームワークやステイシーマトリックスなどがある

Chapter 6　PMBOK第7版　モデル、方法、作成物

77 よく使用される方法

PMBOK Guideでは、プロジェクトマネジメントで利用できる多くの方法をまとめて説明しています。ここでは、実業務で利用できそうな分析方法と、PMP試験で出題されやすいアジャイル型アプローチに関する方法について解説します。

● 実業務で利用できそうな分析方法

　PMBOK Guideでは、各パフォーマンス領域に関係するいくつかの方法について解説しています。以下の表は、本書でまだ解説していない、実業務で利用できそうな分析方法についてまとめたものです。みなさんが関わるプロジェクトで、すでに利用している分析方法があるかもしれません。

■ 実業務で利用できそうな分析方法

分析方法	内容
内外製分析	プロダクトに関するデータを収集し、内部（自社）で生成するのか、もしくはベンダーに依頼をするのかを分析する方法
プロセス分析	作業を進める過程で発生した問題点や制約条件、付加価値のない活動について検討する分析方法
根本原因分析	「なぜ」または「どうして」という質問を繰り返し、根本的な原因を探る分析方法
SWOT分析	内部の強み（Strength）と弱み（Weakness）、外部の機会（Opportunity）、脅威（Threat）という4つの観点で、プロジェクトの開始時にリスクを特定する方法
傾向分析	今までの結果にもとづいて、将来の成果を予測する分析方法
差異分析	計画と作業実績の差異を特定し、差異の原因を特定する分析方法

アジャイル型アプローチに関する方法

PMP試験では、アジャイル型アプローチに関する問題が多く出題されます。みなさんの中には、PMP試験の受験を検討されている方もいると思います。以下の表は、アジャイル型アプローチに関する方法についてまとめたものです。

■ アジャイル型アプローチに関する方法

アジャイルの方法	内容
バックログの洗練	プロダクトバックログに含まれるプロダクトバックアイテムに優先順位付けをする会議
デイリースタンドアップ	昨日行ったこと、これから行うこと、抱えている課題などを共有するために、イテレーション内で行う会議
イテレーション計画	イテレーションで実施するタスクを特定し、タスクボードを作成する会議
イテレーションレビュー	イテレーションで開発したインクリメント（増分）を評価し、顧客からフィードバックを得る会議
リリース計画	3〜6カ月で一部の機能を市場に提供するための計画立案に関する会議
レトロスペクティブ	イテレーションを振り返り、次のイテレーションの改善案を検討する会議
タイムボックス	時間枠のこと。15分や3時間など、アジャイル型アプローチで実施する会議はすべて時間枠を決める

まとめ

- 傾向分析は将来を予測し、差異分析は原因を分析する
- PMP試験はアジャイル型アプローチに関する問題が多く出題される
- PMP試験の受験を目標にするなら、アジャイル型アプローチに関する方法は覚えたほうがよい

78 よく使用される作成物

PMBOK Guideでは、テンプレート、文書、アウトプットなど、プロジェクトマネジメントで利用できる多くの作成物について解説しています。ここでは、そのうちのいくつかの作成物を紹介します。

● よく使用される作成物

Sec.77の「方法」と同じく、第4章の「パフォーマンス領域」に関連するいくつかの作成物について解説しています。そのため、ここでは主に予測型アプローチで利用できる作成物を取り上げます。予測型アプローチは基本的にプロジェクトの規模が大きく、メンバーの人数も多いため、多くの作成物を利用してプロジェクトを管理します。

■ よく使用される作成物

作成物	内容
プロジェクト憲章	主要なステークホルダーによって、プロジェクトの存在を正式に認可するために必要な文書。プロジェクトマネジャーの権限やプロジェクトの目的などを記述する
プロジェクトビジョン記述書	プロジェクトの目的や概要を記述する文書
課題ログ	課題に関する情報を記録、監視するときに利用される文書
リスク登録簿	プロジェクトで想定したリスクの特定、分析、対応方法について記述した文書
パフォーマンス測定ベースライン	スコープ、スケジュール、コストを統合したベースライン。ベースラインとは、完成した計画をプロジェクトマネジャーが承認した結果のこと
要求事項トレーサビリティマトリックス	開発した成果物が要求事項を満たしていることを追跡するために利用する文書
責任分担マトリックス	各ステークホルダーの役割と責任を定義する文書。作業者、説明責任者、アドバイザー、報告先という4つの役割を明確にできる

作成物	内容
変更管理計画書	変更管理委員会の設立や権限範囲の文書化など、問題が発生した際に、各課題に対処するための計画書
コミュニケーションマネジメント計画書	いつ、誰が、どのようにプロジェクトの情報を管理し、発信するかを記述した計画書
コストマネジメント計画書	コストをどのように計画し、構成し、コントロールするかを記述した計画書
調達マネジメント計画書	ベンダーから物品やサービスを獲得し、マネジメントする方法を記述した計画書
品質マネジメント計画書	品質目標を達成するために適用される方針、手順、およびガイドラインの実行方法を記述した計画書
要求事項マネジメント計画書	要求事項の分析、文書化、マネジメントの方法を記述した計画書
資源マネジメント計画書	人的・物的資源の獲得、割当て、監視・コントロールの方法を記述した計画書
リスクマネジメント計画書	リスク特定、分析、計画、監視というリスクマネジメント活動の実施方法を記述した計画書
スコープマネジメント計画書	スコープの定義、作成、監視・コントロールの方法を記述した計画書
スケジュールマネジメント計画書	スケジュールの作成、監視・コントロールの方法を記述した計画書
プロジェクトマネジメント計画書	ステークホルダーエンゲージメント計画書やベースラインを含み、上記の変更管理計画書からスケジュールマネジメント計画書までをまとめた計画書

まとめ

- 予測型アプローチは、多くの作成物を利用してプロジェクトを管理する
- ベースラインとは、完成した計画をプロジェクトマネジャーが承認した結果のこと
- プロジェクトマネジメント計画書とは、ベースラインなどのあらゆる計画書をまとめた文書のこと

経験から学ぶ「経験学習」

プロジェクトメンバーのスキルを高めるために、メンバーにさまざまな経験をしてもらうことがあると思います。筆者も、こうしたマネジメント方法は適切だと考えています。

よく「経験から多くのことを学ぶ」といいますが、これはあまり正しい表現ではありません。「経験したことを振り返って、多くのことを学ぶ」という表現が適切でしょう。たとえば、プロジェクト中に発生した問題に対処して、影響を最小限に抑えるという「よい経験」をしても、その経験を振り返りもせずそのままの状態であれば、いつか詳細を忘れて同じような間違いを繰り返すことになります。経験をすることよりも、経験をして振り返りをすることが重要なのです。

ここで、教育学者のデイビット・コルブ氏が提唱した**経験学習**を紹介しましょう。経験学習は、「具体的経験、内省的観察、抽象的概念化、能動的実験」という4つのサイクルを進めることが学びにつながるという考えです。

①具体的経験　　まずは経験をしてみること
②内省的観察　　経験したことを振り返り、思い返すこと
③抽象的概念化　振り返った内容から、規則性について考えること
④能動的実験　　得られた規則性をもとに、新たなチャレンジをすること

上記の4つのサイクルのうち、**もっとも重要なのは内省的観察**とされています。内省的観察の方法はさまざまですが、たとえば、何らかの経験をしたメンバーに質問をして、よいと感じたところ／悪いと感じたところを確認するのもよいでしょう。いずれにしても、メンバーに対して「経験させっぱなしで、振り返らさせない」というのは妥当ではありません。

また、プロジェクトチーム内で人材再配置が頻繁に発生すると、メンバーは1つの分野に関して多くの経験を積むことができません。このようなケースでも内省的観察が不十分になるとされているので、注意が必要です。

PMBOK第7版での変更点

この章では、PMBOK Guide第6版からPMBOK Guide第7版への改訂で変更された点について確認します。PMBOK Guideの構造の変更や、開発アプローチに関する記述の追加など、いくつかのポイントを取り上げて解説します。

Chapter 7 PMBOK第7版での変更点

79 PMBOK Guide 第6版と第7版の違い：全体構造

2021年にリリースされたPMBOK Guide第7版では、それまでのPMBOK Guide第6版から大幅な変更がありました。まずはPMBOK Guideの構造を確認し、続いてパフォーマンス領域での詳細な変更部分を確認します。

● PMBOK Guideの構造

PMBOK Guideの構造を確認すると、第7版では大幅に変更されたことがわかります。第6版は、10の知識エリアに含まれるプロセスを、各フェーズを構成する立ち上げプロセス群から終結プロセス群へと進める構造でした。この構造は、主に**作業プロセスが明確な予測型アプローチに適しています**。

■ 第6版と第7版の構造

PMBOK Guide 第6版

プロジェクトマネジメント知識体系ガイド：
- はじめに、プロジェクトの運営環境、およびプロジェクトマネジャーの役割
- 知識エリア
  - 統合
  - スコープ
  - スケジュール
  - コスト
  - 品質
  - 資源
  - コミュニケーション
  - リスク
  - 調達
  - ステークホルダー

プロジェクトマネジメント標準：
- 立ち上げ
- 計画
- 実行
- 監視・コントロール
- 終結

PMBOK Guide 第7版

プロジェクトマネジメント標準：
- はじめに
- 価値実現システム
- プロジェクトマネジメントの原理・原則
  - スチュワードシップ
  - チーム
  - ステークホルダー
  - 価値
  - システム思考
  - リーダーシップ
  - テーラリング
  - 品質
  - 複雑さ
  - リスク
  - 適応力と回復力
  - チェンジ

プロジェクトマネジメント知識体系ガイド：
- プロジェクトパフォーマンス領域：
  - ステークホルダー
  - チーム
  - 開発アプローチとライフサイクル
  - デリバリー
  - 不確かさ
  - 計画
  - プロジェクト作業
  - 測定
- テーラリング
- モデル、方法、作成物

前述のように、予測型アプローチはスコープ、スケジュール、コストという制約条件をできるだけプロジェクトの早い段階で明確に決めるため、環境や状況の変化に柔軟に対応するのが困難という特徴があります。しかし、すべてのプロジェクトに予測型アプローチを適用できるわけではなく、顧客の要求や社会情勢が変化する場合もあるのが現実です。そのような変化にプロジェクトが適切に対応できるようにする必要があります。

　そこで第7版の構造では、**プロジェクトマネジメントにおいて遵守すべき12の原理・原則を定め、原理・原則を指針とする8つのパフォーマンス領域の活動をテーラリングしてプロジェクトを進める構造**になっています。この構造により、**環境などの変化に適切に対応することが可能**になります。

● 12の原理・原則とテーラリング

　プロジェクトマネジメントの12の原理・原則を定めたという点は、第7版の大きな変更点です。また、テーラリングについて詳細に示しているという点も、大きな変更点といえます。第6版でもテーラリングの説明はされていましたが、第7版では開発アプローチの選択を含め、組織やプロジェクトの状況に合わせてテーラリングすることについて、詳細に解説しています。

　テーラリングは、実業務において無意識で実施しているケースが多いでしょう。第7版ではテーラリングについて体系立てて解説しているため、ご自身の業務の振り返りに利用できる可能性があります。

まとめ

- PMBOK第6版の構造は、変化に適応しづらい予測型アプローチに適している
- PMBOK第7版は、12の原理・原則を定め、原理・原則を指針とする8つのパフォーマンス領域の活動をテーラリングしてプロジェクトを進める構造である
- 第7版の構造で、環境・状況の変化に対応することが可能になる

Chapter 7 PMBOK第7版での変更点

80 PMBOK Guide 第6版と第7版の違い：ポイント

PMBOK Guideの構造を確認すると、第7版では環境や状況の変化に対応することが可能になっています。ここでは、第7版の柱であるパフォーマンス領域における変更点について解説します。

● パフォーマンス領域での変更点

　PMBOK第7版の柱であるパフォーマンス領域の記述について、PMBOK第6版との違いを確認しましょう。パフォーマンス領域によっては、第7版の記述だけでは十分ではない部分もあります。

■ 各パフォーマンス領域における変更点

パフォーマンス領域	変更点
ステークホルダー	第6版のほうが詳細な内容である
チーム	第7版では、プロジェクトチームの文化、パフォーマンスが高いチーム、内発的動機付け、感情的知性などの詳細を解説している
開発アプローチとライフサイクル	第6版では予測型アプローチを前提としていたため、漸進型、反復型、アジャイル型アプローチなどの詳細は少ない 第7版では、プロジェクトで利用される多くの開発法やデリバリーケイデンスについても説明している
計画	スケジュールとコストに関する内容、コミュニケーションや調達などそのほかの計画に関する要素については、第6版のほうが詳細に解説している 決定論的見積りなどの見積り方法については、第7版のほうが詳細である
プロジェクト作業	調達マネジメントの解説は、第6版のほうが詳細である 第7版では、プロジェクト作業を進めるためのポイントを解説している
デリバリー	要求事項を引き出し、スコープを定義して、WBSを作成するという流れや、要求事項の引き出しなどのそれぞれの内容は第6版のほうが詳細に解説している 品質コストの解説は、第7版のほうが詳細である

パフォーマンス領域	変更点
測定	第7版での変更点は、尺度について、測定の対象を分けて解説していること。開発アプローチごとの利用しやすい尺度については明確ではない
不確かさ	リスクの特定方法や分析方法の解説は、第6版のほうが詳細である 第7版での変更点は、不確かさ、複雑さ、曖昧さの対応について詳細に解説していることである

　上記のパフォーマンス領域の内容を確認するとわかりますが、**第7版の内容と比べて、第6版の内容が古いということではありません**。パフォーマンス領域によっては、第6版のほうが詳細な場合があります。

　つまり**PMBOKをベースしたプロジェクトマネジメントであれば、第6版と第7版の内容をうまく融合して検討することも必要**である可能性があります。なお、第6版は現在は発行されていないため、第6版の代わりにPMIが発行した「プロセス群実務ガイド」を確認することが妥当です。

まとめ

- ステークホルダーパフォーマンス領域の内容は、PMBOK第6版の解説のほうが詳細である
- PMBOK第6版は、PMBOK第7版に比べて内容が古いということではない
- PMBOKをベースにしたプロジェクトマネジメントであれば、第6版と第7版の両方の内容をうまく融合することも必要

索引 Index

数字・アルファベット

12の原理・原則	44, 72, 219
ADKARモデル	206
BCR	172
Doneドリフト	155
KPI	160
NPV	173
OSCARモデル	205
PMI	13
PMO	24
PMP試験	42, 70
PRINCE2	16
ROI	172
SL II	204
SMART基準	161, 202
Tシャツサイジング	127
WBS	151
XY理論	98

あ行

アーンドバリューマネジメント	164, 167
曖昧さ	184
アクティビティ	129, 130
アジャイル型アプローチ	107, 112, 119, 213
暗黙知	147
イテレーション計画	133
衛生理論	99
エピック	153

か行

開発アプローチ	106, 116
価値実現システム	28
価値に焦点を当てる	52
カネヴィンフレームワーク	208
ガバナンスの維持	35
感情的知性	102
機能横断	17
脅威の戦略	187
クリティカルシンキング	95
計画	122
経験学習	216
形式知	147
契約形態	144
好機の戦略	188
コッターの8段階モデル	207
コンティンジェンシー予備	135
コンフリクト・モデル	105
コンフリクトマネジメント	104

さ行

サーバントリーダーシップ	89
作業遅延	165
作成物	214
残作業効率指数	171
事業価値	172
システム	54
集権型のマネジメント	88
情報の開示	176
情報ラジエーター	179
スケジュール	128, 131
スコープ定義	150
スチュワードシップ	46
ステイシーマトリックス	209
ステークホルダー	50, 74, 76, 80, 83, 174
ステークホルダーエンゲージメント	75, 82, 85
成果物	60, 117, 162
セイリエンスモデル	77
漸進型アプローチ	107, 111
相関関係	180

測定	160
組織	118

た行

タスクボード	163
タックマンの成長段階	210
ダッシュボード	178
チーム	86, 91, 92, 175
チェンジマネジメント	69
知識マネジメント	146
調達プロセス	137, 142
定常業務	18
テーラリング	58, 194, 196
適応力と回復力	66
適合コスト	157
デリバリー	148, 163
デリバリー・ケイデンス	114
動機付け	96, 101

な行・は行

内部資源	38
入札文書	143
ネットプロモータースコア	174
バーンアップチャート	177
バーンダウンチャート	176
ハイブリッド・アプローチ	109
パフォーマンス領域	72, 220
反復型アプローチ	107, 110
ビジネスケース	53
品質	60, 156
品質コスト	157
ファシリテーションとサポート	32
フェーズゲート	120
複雑さ	62, 185
不確かさ	182
不適合コスト	158
プランニングポーカー	127
プレシデンスダイアグラム法	130
プログラム	22, 192
プロジェクト	14, 19, 116
プロジェクトガバナンス	31
プロジェクト作業	138
プロジェクトスコープ記述書	150
プロジェクトチーム	48
プロジェクトの3大制約条件	21
プロジェクトビジョン	94
プロジェクト品質	61
プロジェクトマネジメント	20, 26
プロジェクト予算	134
プロダクトマネジメント	40
分権型のマネジメント	88
分析方法	212
ベースラインのパフォーマンス	164
変化	17
変革	68
変更	137, 145
変更コスト	159
ポートフォリオ	23

ま行・や行・ら行

マネジメント予備	135
見積り	124, 126, 168
目標とフィードバックの提示	33
有期性と独自性	15
ユーザーストーリー	152
要求事項	149
予算	134, 166
予測	168
予測型アプローチ	107, 108, 119
欲求理論	100
リーダーシップ	56, 94
リスク	17, 45, 64, 186, 190
リスクレビュー	189
リリース計画	133

| 著者プロフィール |

前田 和哉（まえだ かずや）

株式会社TRADECREATE イープロジェクトにて、今までのプロジェクト経験と、研修の効果・効率・魅力を上げるインストラクショナルデザインの知見をもとに、多くの教育プログラム（各種研修、eラーニング）を開発。また年間150日程度、PMP資格取得研修や、業界問わずプロジェクトマネジメントに関する講演・研修を行っている。
PMP、CompTIA Project+、PRINCE2、PMI-ACP取得
一般財団法人 日本教育学習評価機構 監事、PRINCE2 Ambassador
教授システム学 修士、MBA

- ■ お問い合わせについて
- ・ご質問は本書に記載されている内容に関するものに限定させていただきます。本書の内容と関係のないご質問には一切お答えできませんので、あらかじめご了承ください。
- ・電話でのご質問は一切受け付けておりませんので、FAXまたは書面にて下記までお送りください。また、ご質問の際には書名と該当ページ、返信先を明記してくださいますようお願いいたします。
- ・お送り頂いたご質問には、できる限り迅速にお答えできるよう努力いたしておりますが、お答えするまでに時間がかかる場合がございます。また、回答の期日をご指定いただいた場合でも、ご希望にお応えできるとは限りませんので、あらかじめご了承ください。
- ・ご質問の際に記載された個人情報は、ご質問への回答以外の目的には使用しません。また、回答後は速やかに破棄いたします。

- ■ 装丁 ───────── 井上新八
- ■ 本文デザイン ───── BUCH⁺
- ■ 本文イラスト ───── リンクアップ
- ■ 担当 ───────── 田村佳則
- ■ 編集／DTP ────── リンクアップ

図解即戦力
PMBOK第7版の知識と手法がこれ1冊でしっかりわかる教科書

2024年10月 3日 初版 第1刷発行
2025年 7月 4日 初版 第2刷発行

著　者　前田和哉
発行者　片岡 巌
発行所　株式会社技術評論社
　　　　東京都新宿区市谷左内町21-13
　　　　電話　03-3513-6150　販売促進部
　　　　　　　03-3513-6160　書籍編集部
印刷／製本　株式会社加藤文明社

©2024　株式会社TRADECREATE

定価はカバーに表示してあります。
本書の一部または全部を著作権法の定める範囲を超え、無断で複写、複製、転載、テープ化、ファイルに落とすことを禁じます。
造本には細心の注意を払っておりますが、万一、乱丁（ページの乱れ）や落丁（ページの抜け）がございましたら、小社販売促進部までお送りください。送料小社負担にてお取り替えいたします。

ISBN978-4-297-14361-9 C3055　　　　　Printed in Japan

- ■ 問い合わせ先
- 〒162-0846
- 東京都新宿区市谷左内町21-13
- 株式会社技術評論社 書籍編集部
-
- 「図解即戦力　PMBOK第7版の知識と手法がこれ1冊でしっかりわかる教科書」係
-
- FAX：03-3513-6167
-
- 技術評論社ホームページ
- https://book.gihyo.jp/116